中国地质大学
CHINA UNIVERSITY OF GEOSCIENCES
武汉·WUHAN
七十周年校庆
THE 70TH ANNIVERSARY
1952-2022

地大人

趙鹏大

2021年(总第16辑)

中国地质大学(武汉)校友与基金工作委员会　编

中国地质大学出版社
CHINA UNIVERSITY OF GEOSCIENCES PRESS

图书在版编目(CIP)数据

地大人 2021年(总第16辑)/中国地质大学(武汉)校友与基金工作委员会编. —武汉：中国地质大学出版社,2022.4

ISBN 978-7-5625-5247-5

Ⅰ.①地…

Ⅱ.①中…

Ⅲ.①中国地质大学-校友-丛刊

Ⅳ.①P5-40

中国版本图书馆CIP数据核字(2022)第065626号

地大人 2021年(总第16辑) 中国地质大学(武汉)校友与基金工作委员会 **编**

责任编辑:彭 琳	责任校对:张咏梅
出版发行:中国地质大学出版社(武汉市洪山区鲁磨路388号)	邮政编码:430074
电 话:(027)67883511 传 真:(027)67883580	E-mail:cbb@cug.edu.cn
经 销:全国新华书店	http://cugp.cug.edu.cn
开本:787毫米×960毫米 1/16	字数:348千字 印张:17.75
版次:2022年4月第1版	印次:2022年4月第1次印刷
印刷:武汉市籍缘印刷厂	印数:1—3100册
ISBN 978-7-5625-5247-5	定价:48.00元

如有印装质量问题请与印刷厂联系调换

《地大人》编委会

特别鸣谢：中国地质大学（武汉）党委宣传部

《地大人》投稿邮箱：cugxyb@cug.edu.cn

中国地质大学（武汉）校友与基金工作委员会　编

校歌简谱规范

《勘探队员之歌》(又名《勘探队之歌》),是电影《年青的一代》的主题歌曲。1990年,中国地质大学第九次校务会议将《勘探队员之歌》定为校歌。

2021年,学校第七次校务会议审议确定了此校歌五线谱、简谱规范版本。

勘探队员之歌

电影《年青的一代》主题歌《勘探队之歌》

1＝C $\frac{4}{4}$

热情、舒畅地

佟志贤 词
晓 河 曲

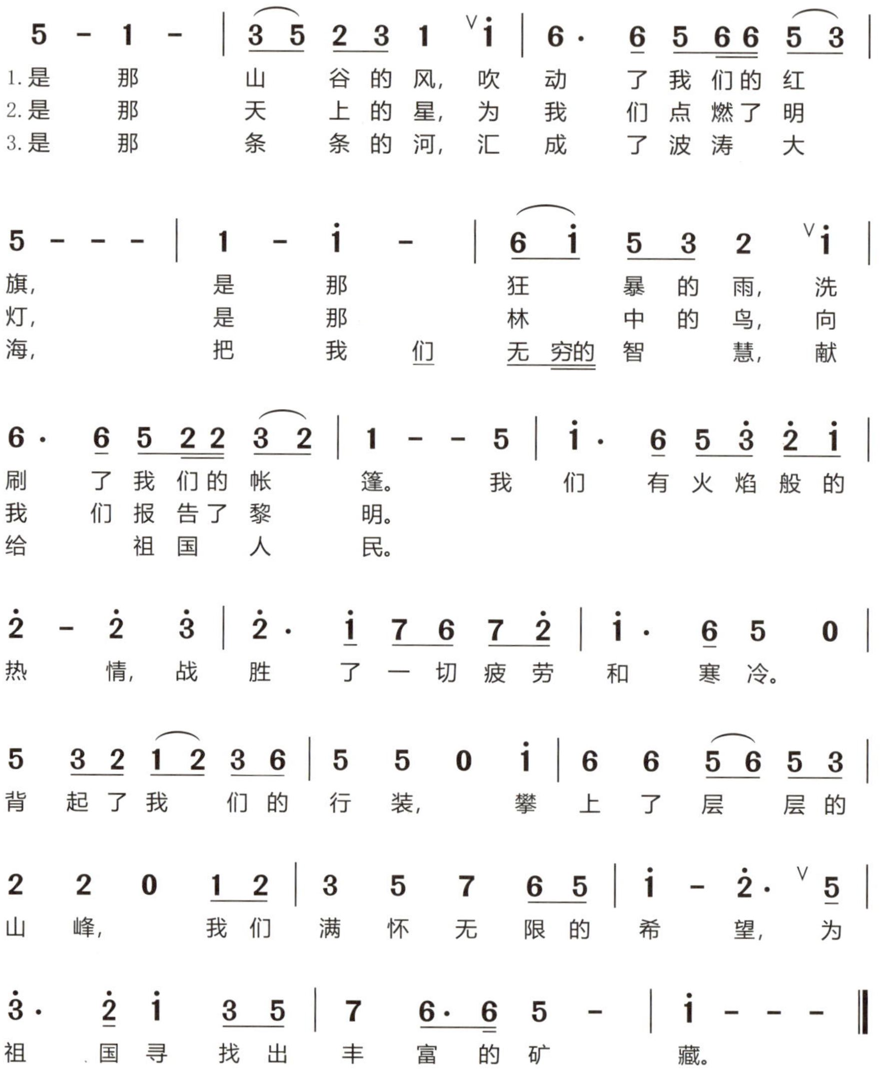

前　言

中国地质大学创建于1952年，前身是北京大学、清华大学等著名大学的地质系(科)合并而成的北京地质学院。1970年，学校迁出北京，在湖北江陵等地辗转办学，更名为湖北地质学院。1974年，学校正式定址武汉，更名为武汉地质学院。1978年，武汉地质学院在北京原校址设立武汉地质学院北京研究生部。1987年，国家教育委员会批准：武汉地质学院更名为中国地质大学，武汉、北京两地办学，总部在武汉。这是一所底蕴深厚的大学。西南联大地质地理气象学系的学脉在这里延续，北大、清华的一流地质学科和"民主、包容、严谨、求实、勤奋"的先进文化基因在这里传承、创新，来自国内外的名师、才俊在这里切磋、共进。学校于1960年成为全国重点大学，1986年设立研究生院，1997年首批跨入"211工程"重点建设行列，2006年成为教育部优势学科平台建设项目资助高校，2017年首批获得国家统筹推进世界一流大学与一流学科建设项目资助。这是一所人杰地灵的大学。学校在长期的办学实践中形成"艰苦朴素、求真务实"的校训精神，培养了30余万名毕业生。他们在各自岗位上建功立业，报效祖国和人民。其中，涌现出众多的科技精英、治国雄才、商界骄子、体育健儿，温家宝总理和44位中国科学院、中国工程院院士便是杰出的代表。这是一所朝气蓬勃的大学。学校始终坚持以人为本，以学科建设为龙头，以人才队伍建设为核心，以教育教学质量为生命线，办学水平不断提高，在学科建设、人才培养、科学研究、社会服务、国际交流与合作等方面取得了丰硕成果，已发展成为以地球科学为主要特色，理学、工学、文学、管理学、经济学、法学、教育学、艺术学等学科协调发展的多科性大学。这是一所勇攀高峰的大学。学校正在实施"三步走"发展战略，通过实现"地球科学一流、多学科协调发展"的阶段性办学目标、建成地球科学领域国际知名研究型大学，以期在建校100周年之际基本实现地球科学领域世界一流大学的长远办学目标。为实现这一目标，学校将继承和发扬优良传统，励精图治，奋发图强，为解决国家面临的资源环境领域重大问题，建设美丽中国、宜居地球，谋求人类与自然的和谐发展而不懈奋斗。

校友是学校宝贵的资源和财富。2000年，学校校友总会成立，校友与母校从此有了一个沟通信息、联络感情、加强合作的桥梁。多年来，校友会本着“发扬地大传统、弘扬地大精神，增进母校与校友、校友与校友间的联络和感情，合作共赢”的宗旨，肩负起校友总会的工作职责，成为母校联系广大校友的桥梁和纽带，通过联络校友、服务校友、宣传校友、凝聚力量，在为母校提高办学质量、增强办学实力，为校友们扩大社会交往、拓展社会资源、开展交流合作、提升科技实力等方面都发挥了重要作用，得到了校友们和学校的一致好评。2006年《地大人》创刊，旨在向海内外校友反馈母校年度建设发展情况，介绍校友工作动态，报道各地校友会活动，展示校友风采，登载校友文章等。温家宝校友亲笔为母校题写了校名，给予母校诸多的鼓励和希冀。

多年来，《地大人》都是在校友和各地校友分会的大力支持下顺利出版的，并全部通过各地校友分会分发和邮寄等方式免费赠送给各地校友，受到校友们的好评。为满足更多校友阅览《地大人》的愿望，我们已将《地大人》电子版上传至中国地质大学校友会网站（http://alum.cug.edu.cn/）。《地大人》在广大校友的关心、关注和支持下不断提高图书质量和编辑水平，诚望校友们批评指正并提出更好的建议！

《地大人》编委会

2022年1月

目录

CONTENTS

第一章
仰取俯拾结硕果

社会合作

第二章 地负海涵容万象

总会活动

第三章
巍巍学府人才出

第四章 神来之笔颂地大

第五章 大爱无疆汇人才

第一章 仰取俯拾结硕果

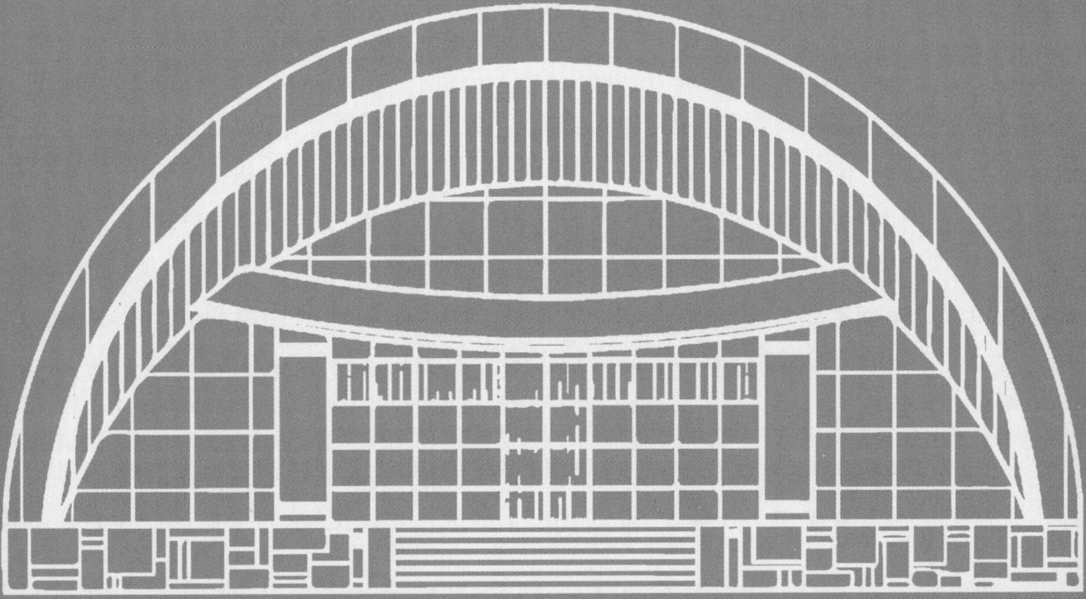

▪▪▪▪ 中国地质大学(武汉)2021年地大要闻 ▪▪▪▪

1. 扎实开展党史学习教育，推动党建思政业务深度融合

2021年3月16日，学校召开党史学习教育动员大会，开启学校党史学习教育序幕。学校紧扣“学党史、悟思想、办实事、开新局”总体要求，积极从党的百年奋斗历程中汲取奋进新征程的智慧和力量，坚持将党史学习教育与落实立德树人根本任务、推进巡视审计整改、加快“双一流”建设、编制“十四五”规划、深化改革提升治理能力等统筹推进，促进党建思政与学校事业发展深度融合。学校结合校史校情和学科特色，开展系列学习实践活动，一体化推进“导学、讲学、研学、比学、践学、督学”，扎实推进“清廉地大”建设，全体师生经历了深刻的政治教育、思想淬炼、精神洗礼。坚持以党的政治建设为统领，全面推进基层党建与教学科研深度融合，党建案例入选“湖北十大党建案例”，1名党员获评“湖北省优秀共产党员”称号。坚持把深化改革落到实处，解决学校发展深层次难题和师生急难愁盼问题，把党的政治优势转化为学校改革发展优势，完成了“学史明理、学史增信、学史崇德、学史力行”的目标任务。

2. 精准出台改革方案和举措，推进学校治理能力现代化

学校党委坚持把方向、管大局、做决策、抓班子、带队伍、保落实，完善《中国地质大学(武汉)章程》，认真落实巡视审计整改，扎实推进教育评价改革，统筹议事协调机构和临时机构设置，推进所属企业改革，完善国有资产管理、项目预算绩效管理以及审计业务管理等办法，不断提升办学治校能力。学校党委加强前瞻性思考和全局性谋划，2021年5月印发《中国地质大学(武汉)关于进一步深化改革的意见》，明确加强党的全面领导、深化学科专业改革、深化人才培养改革、强化治理能力建设、深化资源管理改革、提升信息化建设水平6项改革任务。7月印发《中国地质大学(武汉)各管理与服务单位内部机构设置建议方案》，精简机构设置，优化专职中层干部职数，推动科级干部岗位轮岗交流，将资源向教学科研单位倾斜，

激发学院办学活力，建立适应一流大学建设需要的现代大学管理体制。

3. 编制发布“十四五”规划，引领学校高质量发展

2021年7月13日—14日，学校召开深化改革与“十四五”规划研讨会，进一步凝聚“更高水平开放、更深层次改革、更高质量创新”的办学共识，编制发布学校“十四五”规划、7个专项行动规划，构成“1+7+N”战略规划体系，全力推进高质量、现代化、研究型大学建设。7月17日，学校召开第二轮“双一流”建设工作推进会，制订新一轮“双一流”建设方案，设置“6+3”学科建设项目，推动形成高校、产业、科技创新协同发展、深度融合的新局面。12月14日，学校举行战略发展委员会第二次工作会议，为学校奋进“十四五”制定行动蓝图，凝聚深化改革思想合力。学校自主设立的8个交叉学科硕士、博士学位点获批备案，工程学学科领域首次进入ESI[①]全球排名前1‰。

4. 5位地大人当选两院院士，学校共培养出44位两院院士

2021年11月18日，中国科学院和中国工程院公布了2021年新增院士名单。中国地质大学谢树成教授、邓军教授当选中国科学院院士，中国地质大学孙友宏教授当选中国工程院院士，学校校友、中国海洋石油集团公司首席科学家、教授级高级工程师谢玉洪当选中国工程院院士，学校校友、中国科学院古脊椎动物与古人类研究所研究员朱敏当选中国科学院院士。 截至2021年，学校共培养出44位两院院士（5年来新增11位）。

5. 深化人才体制机制改革，人才强校战略实施成效显著

学校坚持人才优先发展战略，成立人才工作委员会，聚焦碳中和、新能源、健康地学等科技问题和新兴交叉学科方向，深化人才体制机制改革。2021年5月20日、12月22日，学校先后举行第六届、第七届“国际青年学者地大论坛”，邀请优秀青年学者把家庭安在武汉、把事业创在地大、把才华献给教育事业。学校修订“地大学者”“特任岗位”及“地大百人计划”系列文件，建立多维、多元评价体系。全年新

①ESI，英文全称为Essential Science Indicators，即基本科学指标数据库。

增中国科学院院士1人、国家级人才计划项目入选者7人,从海内外引进高层次人才87人。1人获国家杰出青年科学基金项目资助,4人获国家自然科学基金优秀青年科学基金项目资助,9人入选自然资源部高层次科技创新人才工程。殷鸿福院士被授予首届"湖北省杰出人才奖",王焰新院士当选国际地球化学协会会士,邓宏兵教授获评"湖北省最美社科人"称号,校关心下一代工作委员会获评全国教育系统关心下一代工作先进集体称号。

6. 面向未来培养时代新人,高质量育人体系不断健全

学校成立人才培养工作领导小组,组建本科生院、优化研究生院,对学校各层次各类别人才培养工作中的专业教育和党建思政教育实施顶层设计、统筹协调、督促落实。优化人才培养结构布局,地球物理学入选"基础学科拔尖学生培养计划2.0基地(2021年度)名单",新增应急管理、应急技术与管理2个本科专业,8个专业入选国家级一流本科专业建设点,推进人才培养模式改革,成立未来技术学院及人工智能研究院,选拔60名本科生成为未来技术学院首批学生,全力培养国家急需紧缺人才;高质量教材建设取得突破,《结晶学及矿物学》《矿产勘查理论与方法》获首届全国优秀教材二等奖,地球科学学院获"全国教材建设先进集体"称号;推动科教产教协同育人,成立12个产业技术创新中心,与华为共建"智能基座"产教融合协同育人基地;66个项目入选教育部产学合作协同育人项目;获批成立全国高校毕业生就业能力培训基地;加快构建"全程贯通、空间联通、队伍互通、内容打通、评价融通"的"三全育人"工作格局,"地球科学概论""工程伦理"两门课程入选首批全国课程思政示范项目,两个团队获评"全国课程思政示范课程、教学名师和教学团队"称号。

7. 聚焦碳中和战略和生态文明建设,科技工作再上新台阶

学校健全举校科研体制,组建了高等研究院,获批建设国家环境保护水污染溯源与管控重点实验室、自然资源部深部地热资源重点实验室、巴东地质灾害国家野外观测研究站,建成全球首个跨圈层扰动监测系统,助力生态文明建设和长江经济带高质量发展。学校服务"碳达峰、碳中和"战略,2021年4月启动编制"碳达峰、碳中和"规划;5月,与武汉金龙集团合作成立长江流域碳中和产业技术创新

中心，推动成立碳中和研究院；8月，未来城校区获“武汉市碳中和先锋示范创建单位”称号；9月，启动筹建国家深部零碳资源技术创新中心。全年获批国家自然科学基金项目212项，新增科技项目合同经费破8亿元；获批国家社科基金重大重点项目3项、一般项目6项；获批教育部人文社科项目7项。1项成果获国家科学技术进步二等奖，1项成果获教育部人文社科优秀成果奖。汪在聪教授、肖龙教授、张昊教授和何琦老师分别领到月球土壤样品。

8. 学子在各类大赛中获得佳绩，地大人榜样竞相涌现

体育盛会再创辉煌，8名地大学子随中国代表团出征东京奥运会，王懿律、黄雅琼、郑思维、闫子贝共获1金2银；学子在第十四届全国运动会获8金3银7铜，学校第七次荣获“校长杯”奖。学子在第七届中国国际“互联网+”大赛中斩获1金2银5铜，获第十七届“挑战杯”全国大学生课外学术科技作品竞赛一等奖，在全国及国际大赛中获奖100余项。牛笛、杜胜获评中国大学生自强之星，柯帅入选“本专科生国家奖学金获奖学生代表名录”，地大学子连续8年登上中央电视台舞台。浩瀚星空中又新添一颗以地大人命名的小行星——“张弥曼星”，校友马永生任中国石化集团公司董事长、党组书记，校友侯启军任中国石油天然气集团有限公司总经理。唐文春、云露两位校友获李四光地质科学奖，陈行时、刘佳伟、徐方、王杜江、梅金华、熊伟等7位校友获得“全国五一劳动奖章”，校友张犇、孔耀祖入选“全国大学生就业创业典型人物事迹”。

9. 提升社会服务能力，为“美丽中国 宜居地球”做出新贡献

学校聚焦乡村振兴战略，持续做好定点和对口帮扶工作，与全国8个市（县）共建“乡村振兴学校实践育人基地”，学校驻竹山县小河村扶贫工作队获评“全省脱贫攻坚先进集体”称号；创建政府、学校、社区“三位一体”的科教融合模式，助力帮扶点杨家社区获批首批教育部直属高校服务乡村振兴创新试验培育项目；聚焦服务区域创新驱动发展，与山东济宁、江苏宜兴等地方政府，中国交通建设集团、中国石油化工集团有限公司等单位签署战略合作协议；聚焦地球科学科普，谋划筹建习近平生态文明思想研究中心高校教育基地，实施“大学生长江大保护行动计划”，1部作品获评“全国优秀科普作品奖”；服务人类命运共同体构建，4月，由留

学生组成的“钢铁侠”志愿服务队亮相外交部湖北全球推介会，11月，学校正式加入中国南南合作网，成为湖北地区高校首例。

10. “我为师生办实事”暖心聚力，幸福地大建设取得新进展

学校坚持不懈保障和改善民生，解决了教职工二期住宅办证难题，保障了三期住宅如期交房；信息化建设扎实推进，梳理优化414项服务流程，建立网上办事大厅，实现128项业务线上办理，会议数量减少15%；完善校领导带班制度，建立365天值班制度，提升两校区管理服务能力；签订“学子留汉”工程合作协议，为学生提供“就在身边”服务；全校范围内开展专题防骗教育，修订《教职工重大疾病互助基金管理办法》，搭建离退休服务管理信息化平台，让老年人共享改革发展成果；统筹疫情防控和事业发展，开展5次全员核酸检测，检测人数超10万人次，持续推进疫苗接种7.5万剂次，筑牢战“疫”坚实屏障；启动70周年校庆筹备工作，发布视觉形象识别系统，建成校史馆，增建攀登景观，凝聚起了推进研究型大学建设的强劲动力。

领导关怀

山西省副省长贺天才一行来校调研

▲ 座谈会现场

2021年1月11日，山西省副省长贺天才一行来校调研，并就进一步落实山西省与学校战略合作协议，共建山西研究院等事宜展开座谈。山西省政府副秘书长

高建军、山西省自然资源厅厅长姚青林、山西省地质勘查局局长彭东晓、山西省煤炭地质局局长王学军，校党委书记黄晓玫，校长王焰新，副校长赖旭龙、刘杰等参加调研。黄晓玫主持座谈会。

贺天才一行走访调研武汉地质资源环境工业技术研究院（简称“资环院”）和生物地质与环境地质国家重点实验室，参观未来城校区图书馆，并展开座谈。

王焰新从功能、目标、体制架构和工作内容等方面介绍了山西研究院建设方案。他说，学校长期以来与山西省地勘单位有着深度合作，为山西省输送了大批高素质人才，合作基础扎实。学校会按照“跟踪世界前沿、服务山西需求、发挥地大优势、培育创新人才”的工作思路，将山西研究院定位为具有地方行业特点的专业型研究机构和创新平台，建立服务山西省转型发展的地质领域“政产学研用”合作新模式和“地学智库”，聚焦山西省资源特色和生态文明建设等重大需求，构建覆盖“地上”“地下”的高水平研究中心，为山西省在全国地勘行业发展竞争中争先进位，提供科研和人才保障。

▲ 校长王焰新讲话

▲ 贺天才讲话

贺天才介绍了山西省近年来的发展情况。他指出，山西省委、省政府高度重视省校会谈成果和战略合作协议落实情况，希望地大继续发挥技术和人才优势，聚焦山西转型发展需求和特点，为省校高质量发展融入“山西元素”和“地大智慧”。他就落实山西研究院建设提出3点建议：一是细化协议内容，将建设方案具体化、清单化、效果化，促进相关事项高标准落实落地；二是推动学校科研平台参与到山西省科技合作研发工作、技术产业化转化工作，促进地大科技成果在山西省快速转化，进一步满足经济社会发展需要，体现省校合作的价值；三是创新体制机制，建立合作发展体系，实现研究院科技创新、人才培养和智库建设的功能。

▲ 校党委书记黄晓玫讲话

黄晓玫对贺天才一行的到访表示欢迎。为加强学校与山西省的交流共建，她提出3点要求：一是提高政治站位，充分认识省校战略合作的重大意义，在服务山西省经济发展与自然资源行业发展中，不断扩展办学资源，为学校在“十四五”期间打造新的“增长极”争取平台和空间；二是认真分析研判，准确把握省校战略合作的重点领域，加强在地质研究、矿产勘查、生态治理、资源综合利用等方面的交流与合作，在地热能、煤层气等清洁高效资源勘查开发及相关产业、高水平科研平台建设等领域开展深度合作；三是突出落实转化，努力培育省校战略合作重大成果，高质量推进项目合作，共同构建交流合作新格局。她表示，学校将全力推进与山西省的战略合作，以更开放的思维、更务实的举措，切实推动好、实施好、落实好战略合作协议，确保合作顺利进行、见到实效。

（**地大新闻网讯 记者** 田甜 **摄影** 易修平 谢晓）

湖北省政协主席黄楚平一行走访学校政协委员

为贯彻落实省委重要会议和省“两会”精神并为住鄂全国政协委员参加全国两会做准备，2021年2月25日，湖北省政协主席黄楚平、湖北省政协秘书长翟天山一行来校调研，并走访省政协委员、校党委书记黄晓玫，全国政协委员、校长王焰新，全国政协委员童金南。

黄晓玫对省政协领导的走访慰问和长期支持表示感谢。她说，学校将继续积极支持各位政协委员开展工作，以科技创新助力长江经济带绿色发展，为湖北建成支点、走在前列、谱写新篇做出新的更大贡献。她希望湖北省政协继续支持学校发展，为学校、地方高端人才引进给予相关政策支持和保障。

王焰新介绍了学校目前的重点工作。他指出，近年来，学校结合武汉市国家综合科学中心建设，联合省内水生态环境治理优势科研力量，加快组织开展湖北长江实验室可行性论证工作。他建议省政协加大支持和推动力度，助推湖北长江实验室建设。

▲ 集体合影

黄楚平对学校统战和政协委员在参政议政方面的工作给予高度肯定。他表示，地大不仅是教育科研的高等学府，也是政协委员参政议政的坚强后盾，希望学校能够加强人才培养、搭建创新平台、推动创新成果转化，努力把科教优势转化为创新优势、人才优势和发展优势。

（**地大新闻网讯 记者** 王紫璇）

湖北省科技厅王炜一行来校调研湖北长江实验室建设

2021 年 3 月 15 日，湖北省科技厅厅长王炜、副厅长杜耘一行来校调研，并就湖北实验室建设工作展开座谈，校党委书记黄晓玫、校长王焰新、中国科学院院士殷鸿福、副校长刘杰及相关职能部门负责人参加调研。刘杰主持座谈会。

▲ 王炜（一排中间）一行调研

▲ 座谈会现场

王炜一行走访调研了未来城校区科教六号楼和生物地质与环境地质国家重点实验室并展开座谈。

杜耘介绍了湖北省人民政府组建湖北长江实验室相关情况，充分肯定学校在全方位服务湖北创新发展、高质量发展时的积极作为。他希望，地大依靠相关学科集群优势助力“长江大保护”，整合好湖北力量，围绕产业链布局创新链，找准结合点、发力点，筹备建设湖北长江实验室。

王焰新介绍了湖北长江实验室建设方案，并从省内共建单位论证情况、实验室主攻方向、功能定位、基础条件、产业作用、运行保障机制和高层次人才团队建设等方面提出了建设思路和举措。

殷鸿福从“长江大保护”国家战略和创新驱动发展战略等方面介绍了建设湖北长江实验室的积极意义。他说，实验室建设将有力推动“武汉世界湿地之都”“大河治理的样板”“国际碳中和示范区”三大工程实施，为支撑强国目标、引领行业创新、推动区域发展做出更大贡献。

黄晓玫表示，学校于2017年启动了“地学长江计划”，该计划落实国家重大发展战略、整合国内外优势资源，为解决长江流域所面临的地质资源与生态环境问题提供科学支撑，为实验室建设提供了坚实基础。当前，建设湖北长江实验室具备了天时、地利、人和等条件，做好长江的“文章”，方向明确、目标清晰。

▲ 杜耘讲话

▲ 王焰新讲话

▲ 殷鸿福讲话

▲ 黄晓玫讲话

针对湖北长江实验室建设，王炜提出3点建议：一是进一步凝练研究方向，聚焦产业发展，支撑地方高质量发展；二是与国家部委共建，业务范围融入全国布局；三是结合湖北区域发展布局，找到合适的切入点，与地方科技创新中心合作建设。

▲ 王炜讲话

（**地大新闻网讯 通讯员** 王肖戈 **摄影** 张玉贤 王紫璇）

湖北省纪委副书记、省监委副主任李莹来校作专题报告

▲ 大会现场

2021年3月17日，湖北省纪委副书记、省监委副主任李莹应邀来校，以“充分发挥全面从严治党引领保障作用”为题作专题报告。全体校领导，党委常委，校长助理，校党委委员、纪委委员，各二级党组织纪委书记，全体中层干部，机关各部门党支部纪检委员参加会议。校党委书记黄晓玫主持会议。

李莹着重从“三个深刻领会”和“一个切实推进”4个方面，对高校贯彻落实全面从严治党“两个责任”的重大意义进行深刻阐释，分析了高校党风廉政建设和反腐败工作面临的形势和肩负的任务，并对学校充分发挥全面从严治党引领和保障作用提出了明确要求。

她指出，要深刻领会关于在应对重大风险考验中推进全面从严治党的科学总结，全面增强党的领导力、锻造强大的战斗力、永葆旺盛的生命力、形成广泛的凝聚力。要深刻领会全面从严治党首先要从政治上看的深远考量，充分认识党风廉政建设和反腐败斗争取得的历史成绩，同时，也要清醒认识当前反腐败斗争形势依然严峻复杂。要深刻领会发挥全面从严治党引领和保障作用的战略部署，以强有力的政治监督确保党中央重大决策部署贯彻到位，不断实现“三不”一体推进的战略目标，以钉钉子精神纠“四风”、树新风，持续整治师生身边的腐败和作风问题，充分释放监督体系的治理效能。

▲ 李莹讲话

▲ 黄晓玫讲话

李莹对切实推动全面从严治党向纵深发展提出要求。她说，学校要切实加强思想政治建设，担负起全面从严治党的政治责任，强化对权力运行的监督和制约，大力弘扬清廉文化，加强学校纪检队伍建设。

黄晓玫表示，报告内容丰富、深入浅出、分析独到，为学校做好新形势下从严治党工作指明了方向。各级党组织和党员干部要结合工作实际反复学习、努力消化、认真落实，把“严”的主基调长期坚持下去，在巡视和审计整改中推进全面从严治党工作，为学校各项事业发展提供坚强保障。

（**地大新闻网讯 记者** 王紫璇 **摄影** 张玉贤）

湖北省人大常委会、武汉市人大常委会等部门领导调研学校技术转移市场化平台

2021年3月25日，湖北省人大常委会、湖北省科技厅、武汉市人大常委会、武汉市科技局等部门领导到访学校市场化平台，调研高校科技成果转化情况，了解成果转化难点、堵点。学校副校长赖旭龙和相关部门负责人参加调研。

▲ 集体合影

学校市场化平台公司中部知光副总经理王少培结合地大近年来的高校成果转化服务市场化探索与实践进行工作汇报。他指出，现阶段制约高校科技成果转化的重要因素之一是缺乏市场化的专业平台和人才团队。近几年来，地大探索成立了市场化、专业化服务平台，组建专业化服务团队，培养了一批高校科技成果转化专业人才。会上，王少培还向调研组提出关于进一步加强高校科技成果转化工作建议，与会领导对学校的市场化运作模式和取得的成绩给予充分肯定。

湖北省人大常委会委员、教科文卫委员会主任委员饶志国，湖北省人大常委会委员、教科文卫委员会副主任委员刘望清，教科文卫委员会专职副主任委员赵丽德，湖北省科技厅二级巡视员吴月朗，武汉市人大常委会副主任胡树华，武汉市科技局副局长胡军参与调研。

（**地大新闻网讯　通讯员**　李想姣）

中国气象局副局长宇如聪一行来校调研

2021年5月21日下午，中国气象局副局长宇如聪一行来到未来城校区参观调研。中国气象局科技与气候变化司副司长袁佳双，中国气象科学研究院院长端义宏，湖北省气象局副局长方虹、二级巡视员杨志彪、科技与预报处调研员黄焕寅等一同考察，校长王焰新院士、副校长刘杰、相关职能部门负责人陪同调研。

▲ 宇如聪(左二)一行调研生物地质与环境地质国家重点实验室

宇如聪一行参观了生物地质与环境地质国家重点实验室，现场考察实验室有机分析平台、同位素分析平台、分子地球生物学平台等。生物地质与环境地质国家重点实验室常务副主任祁士华介绍了实验室的建设目标定位、研究方向及取得的标志性成果。

参观完图书馆后，宇如聪一行来到大气科普活动现场，与同学们进行交流互动。气象科普协会的同学们展示了活动制作材料多彩气象瓶，讲解了气象瓶的制作方法和原理，并送出了气象瓶成品。宇如聪对大气科普活动表示赞赏，并在《低碳生活倡议书》上签名。

宇如聪一行来到科教六楼，参观局校合作地大大气科学发展成果展和湖北省生态环境厅与地大共同建设的湖北省大气复合污染研究中心。大气科学系张仲石教授从学科建设、科研方向及人才培养等方面汇报了大气科学发展成果。大气科学系孔少飞教授介绍了湖北省大气复合污染研究中心的建设背景、建设目标、定位、研究方向，大气颗粒物组分实验室、多参数实验室、光化学实验室、气溶胶观测实验室、气象及辐射测量实验室。随后，宇如聪、端

▲ 宇如聪(左一)一行在大气科普活动现场

义宏、王焰新、刘杰共同为“中国气象局－中国地质大学（武汉）极端天气气候与水文地质灾害研究中心”揭牌，并与2020届大气科学专业本科毕业生合影留念。

▲ 揭牌仪式

双方在教服中心101会议室开展交流座谈。会上，刘杰介绍学校近期办学进展及发展战略，大气科学系主任李双林教授汇报了大气科学专业的人才培养工作。与会人员围绕碳监测和国家应对气候变化的重大战略、人才培养、博士点建设、博士后流动站建设、实习实践基地建设、成果转化、推进联合研究中心发展、X波段双偏振雷达组网和观测塔建设等方面进行深入交流。

王焰新对宇如聪一行来校访问交流表示欢迎，并回顾了学校大气学科的发展历程以及取得的显著成效。他表示，中国气象局支持学校建设大气学科，极大地推动了学校科学研究、人才培养水平的提升，希望中国气象局能在人才培养、博士点建设、实习实践基地建设、成果转化、联合研究中心发展等方面加大支持和推动力度。

宇如聪对学校扎实推动各项措施落地、推进大气学科发展的工作表示肯定，对学校大气学科近年来的发展以及地大新校区的建设成效表示祝贺。他指出，当前全球大气科学的发展到了转折点，科研与业务亟待融合。在面向碳达峰、碳中和和国家应对气候变化的战略背景下，双方要深入推进面向国家重大需求的合作，优势互补，促进大气科学与地球系统科学的其他学科方向的交叉融合，不断推进大气学科和中国气象事业的发展。

（**地大新闻网讯　通讯员** 孔少飞　张仲石）

湖北省委常委、组织部部长李荣灿来校看望慰问党员

在中国共产党成立100周年即将到来之际，2021年6月23日上午，湖北省委常委、组织部部长李荣灿来校走访慰问“全国模范教师”焦养泉和离休干部于新洲，

向他们致以节日问候和美好祝福。湖北省委组织部副部长周静，湖北省委党建办主任、湖北省委组织部办公室主任韩勇，湖北省委组织部组织一处处长桂华杰，校党委书记黄晓玫，校党委副书记唐辉明，校党委组织部部长陈文武等参加看望慰问活动。

▲ 李荣灿（右二）一行来校看望慰问党员

在构造与油气资源教育部重点实验室，李荣灿一行认真听取了焦养泉关于实验室人才队伍、学术方向、科学研究及仪器研发等情况的介绍，感谢他对教育事业的辛勤付出。焦养泉表示，今后将继续攀登科研高峰，服务紧缺战略矿产勘查研究，在传道授业解惑中弘扬师者风范，为学校建设做出更大贡献。

随后，李荣灿一行来到离休干部于新洲的家中，与他亲切交谈，仔细询问老人的身体和日常生活状况，聆听老人参加抗战的经历，并为他佩戴“光荣在党50年纪念章”。李荣灿说，老同志是党和国家的宝贵财富，是党执政兴国的重要资源，是推进中国特色社会主义伟大事业的重要力量。他们身上革命理想高于天的爱国主义情怀和百折不挠、坚韧不拔的抗战精神，永远值得我们学习。于新洲感谢党和政府长期以来的亲切关怀，表示将继续关注党的事业，关注国家发展，始终坚守着内心的使命和追求，为党和人民的事业增添正能量。

（**地大新闻网讯 记者** 王紫璇）

山西省委组织部副部长吴纪平一行来校调研

2021年6月24日，山西省委组织部副部长吴纪平一行来校调研，并就进一步落实山西省与学校战略合作展开座谈。山西省运城市委常委、组织部部长赵晔，校党委书记黄晓玫，副校长赖旭龙以及双方相关单位负责人参加会议。赖旭龙主持座谈会。

▲ 吴纪平讲话

与会人员观看双方宣传片，了解各自的基本情况及发展特色。

吴纪平介绍山西省相关情况及省委推进省校合作的战略部署，详细说明了山西省拟与武汉各大院校合作共建“12大基地”的基本情况及需求意向。

运城市委常委、组织部部长赵晔，临猗县委书记于鹏飞分别代表运城市和临猗县发表推介讲话，强调了与武汉高校实现人才共享、推动资源能源深度开发合作的需求意向。

与会人员重点围绕如何对接“12大基地”合作以及细化省校合作内容进行了深入交流。

▲ 黄晓玫讲话

黄晓玫对吴纪平一行的来访表示欢迎。她说，地大与山西省一直以来保持着良好的合作关系，并在科技创新和人才培养方面取得了显著成效。山西省拥有非常丰富的地质矿产资源和文化资源，非常契合学校未来的发展方向。她指出，双方要抢抓机遇，在省校战略合作协议的框架下，结合山西省《关于深化省校合作的实施方案》，进一步细化合作内容，深度对接交流，切实推动省校合作落实落地。

（**地大新闻网讯　通讯员**　袁江　周怡可　**摄影**　张玉贤）

湖北省市场监督管理局、湖北省知识产权局领导来校调研

2021年9月2日下午，湖北省市场监督管理局党组书记兼局长邹贤启、湖北省知识产权局党组书记兼局长彭泉一行调研考察学校未来城校区及资环工研院。校长助理蒋少涌，科学发展院（简称“科发院”）、高等研究院、资环工研院等相关部门负责人陪同调研。

湖北省市场监督管理局、湖北省知识产权局领导一行参观了资环工研院、生物地质与环境地质国家重点实验室，深入了解学校氢能产业布局和格罗夫氢能乘用车项目推进情况，以及实验室建设运行、知识产权保护、科研成果运用等情况。

▲ 座谈会现场

科发院常务副院长胡祥云主持召开座谈会，对学校专利运营转化工作情况进行详细介绍，提出要有组织地进行科研方向布局，服务湖北区域经济发展。国家知识产权运营公共服务平台高校运营（武汉）试点平台负责人罗林波博士汇报了国家高校知识产权运营平台的最新运营进展、“沉睡专利”唤醒计划工作思路和资环工研院氢能汽车知识产权战略规划。随后，资环工研院、格罗夫氢能汽车有限公司董事长郝义国就氢能专利布局相关问题进行交流。

彭泉肯定了学校在市场化运营机制运行、专利运营转化方面取得的成绩。他说，湖北科教优势强，专利存量多，要在转化实施上下功夫，探索“沉睡专利”在一定期限内转化运营的新模式，助力湖北中小企业创新发展。

邹贤启作总结讲话。他希望，学校继续发挥市场化运营平台的优势作用，围绕长江经济带建设和湖北创新高质量发展进行专利布局，汇聚各方资源，省校共同努力，推动湖北省专利转化，助力实施中小企业创新发展专项计划。

湖北省市场监督管理局计量处、办公室、综合处、标准化处、认检处，湖北省知识产权局办公室、运用促进处，学校科发院、知识产权与技术转移中心、高等研究院等单位领导参会。

（**地大新闻网讯　通讯员** 李想姣　**摄影** 金玲）

自然资源部矿业权管理司司长谢承祥一行来校调研

▲ 座谈会现场

2021年9月26日，自然资源部矿业权管理司司长谢承祥、副司长朱振芳，综合处处长王德杰等一行来校调研自然资源部深部地热资源重点实验室(简称“地热实验室”)。湖北省自然资源厅副厅长曾环宇、矿业权管理处处长钟贤华等陪同调研。学校校长王焰新、科发院常务副院长胡祥云、高等研究院常务副院长胡圣虹、相关学院负责人、专家参加调研座谈会。

座谈会上，王焰新介绍了学校办学历史、人才培养、科学研究等情况。

地热实验室副主任胡祥云从实验室建设必要性、总体定位和建设思路、科研队伍和研究基础、五年建设规划和学校保障等方面进行了介绍。

谢承祥充分肯定了学校的人才培养、科学研究等工作。他指出，自然资源行业很多技术人员与管理人员都来源于地大，这里是根也是家。对于地热实验室建设，他提到，国家现在非常重视能源资源安全问题，特别是“双碳”目标的提出对能源转型提出了新的要求，希望学校、地热实验室能深入进行地热资源等新能源的研究，为国家战略多作贡献。

地热实验室于2021年7月获批成立，是以王焰新院士领导的跨学科研究团队为主体，环境学院、地球科学学院、地球物理与空间信息学院、工程学院等单位参与，与国家能源投资集团有限责任公司合作共建的科技创新平台。该地热实验室聚焦我国深部地热科学前沿和国家重大战略需求，结合我国能源结构优化战略部署，着眼于深部地热资源成因及热富集规律等科学问题，以山西、云南、西藏、广东、湖北等地为重点研究区域，开展多学科联合攻关，揭示我国深部地热资源热富集机理和分布规律，研发深部地热资源勘查、钻采关键技术，构建梯级综合高效利用技术体系，力争5年内建成国内外一流的深部地热资源综合研究基地、创新人才培养基地和产学研结合示范基地，为我国深部地热科学探索和地热能开发做出贡献。

（**地大新闻网讯 通讯员** 刘强 **摄影** 丁兰）

湖北省生态环境厅厅长吕文艳一行来校调研

2021年11月10日上午，湖北省生态环境厅厅长吕文艳一行到学校未来城校区，为湖北省大气复合污染研究中心揭牌，并调研座谈。湖北省生态环境厅副厅长周歆昕、办公室主任李德明、大气处处长张志祥、气候处处长田敢、监测处处长张文漫、科技与合作处处长张忠华，湖北省生态环境监测中心站站长许克学、副站长刘少辉、办公室主任曾强、大气环境监测与预报预警中心主任陈楠等陪同调研。学校校长王焰新院士、副校长刘杰及相关职能部门负责人参加座谈会。

吕文艳一行参观了湖北省生态环境厅与学校共同建设的湖北省大气复合污染研究中心（简称“研究中心”）。陈楠介绍了研究中心的空间布局和仪器设施。环境学院教授孔少飞汇报了研究中心一期建设进展和二期建设规划。

▲ 吕文艳（左二）一行调研湖北省大气复合污染研究中心

吕文艳、周歆昕、王焰新、刘杰共同为湖北省大气复合污染研究中心揭牌。

▲ 揭牌仪式

王焰新对吕文艳一行来校调研表示欢迎，对生态环境厅长期关心支持学校环境、大气等学科发展表示感谢。他回顾了研究中心的发展历程以及一期建设取得的成效，指出研究中心实现了“政产学研用”协同创新，对湖北省大气环境保护事业发展影响深远。他希望，双方立足华中，进一步深化合作，通过二期建设，拓展环境气象综合立体监测范围，将研究中心做大、做强，未来申报国家级科研平台。

▲ 王焰新讲话

吕文艳对学校长期支持研究中心建设发展和做出的突出贡献表示感谢。她说，双方共建研究中心意义重大，发展前景广阔。她指出，当前研究中心已经形成了清晰的定位、发展规划和组织框架，聚集了一批一流的人才，与国内外有关单位合作交流密切，成果丰硕，为二期发展奠定了良好的基础。她强调，当前蓝天保卫战、碳达峰和碳中和等重大战略的提出，对监测体系能力建设提出了更高要求。她希望，双方共同努力，通过创新合作模式，打通“政产学研用”全链条，推进二期建设进度，为实施重污染天气应对、细颗粒物和臭氧协同防控、减污降碳协同增效等管理决策提供有力的科技支撑，不断促进湖北省环境保护事业发展。

▲ 吕文艳讲话

王焰新陪同吕文艳一行参观了校园和研究中心二期建设场地，双方交流了低碳校园建设等问题。

（**地大新闻网讯　通讯员** 杨涛　**摄影** 王俊芳）

湖北省委常委、组织部部长李荣灿来校宣讲党的十九届六中全会精神

▲ 集体合影

2021年12月7日，湖北省委常委、组织部部长李荣灿率队来校宣讲党的十九届六中全会精神，调研高校党建工作情况，听取学习贯彻党的十九届六中全会精神和湖北省委十一届十次全会精神的意见和建议。湖北省委组织部部务委员何光，校领导黄晓玫、王焰新、成金华、唐辉明、刘勇胜，校党委常委、宣传部部长储祖旺等参加会议。

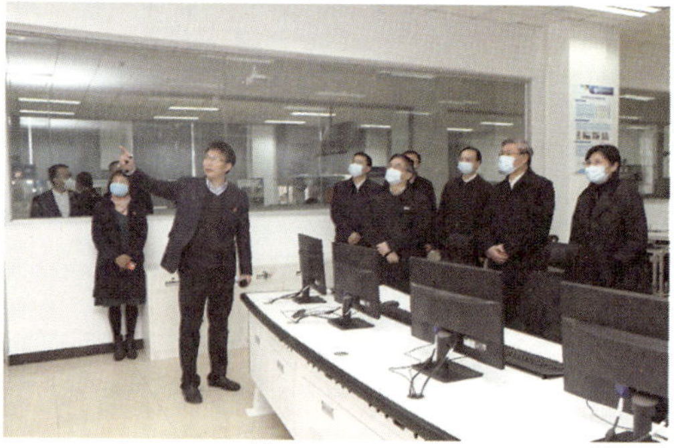

▲ 李荣灿（右二）一行考察智能自动化湖北省重点实验室

李荣灿一行考察了智能自动化湖北省重点实验室，并与部分教师、学生代表座谈交流。

校长王焰新从建校历程、办学特色、办学规模、学科建设、人才培养等方面介绍了学校的基本情况。他说，地大始终坚持以献身地质事业为荣、以找矿立功为荣、以艰苦奋斗为荣，不忘为党育人、为国育才初心，形成了“艰苦朴素、求真务实”的精神底色和谋求人与自然和谐发展的价值追求，多年来为国家建设添砖加瓦，为民族复兴拼搏奋斗。

教师代表胡守庚、二级党组织书记代表李素矿、三级党支部书记代表李江敏、引进人才代表夏帆、学生代表陈晨和张越鹏依次发言，结合自身工作学习实际各抒己见，在加强政治建设、人才培养、教风学风、美育机制、宣传思想工作、学生骨干梯队建设等方面积极交流，为学校建设和发展建言献策。

▲ 二级党组织书记代表李素矿发言

▲ 三级党支部书记代表李江敏发言

▲ 王焰新讲话

▲ 引进人才代表夏帆发言

▲ 教师代表胡守庚发言

▲ 学生代表陈晨发言

李荣灿全面深入宣讲党的十九届六中全会和湖北省委十一届十次全会会议精神，强调要从党的百年奋斗历程中汲取智慧和力量，全面推进新时代学校党建工作。他指出，高校肩负着培养社会主义建设者和接班人的重大任务，要全面准确领会全会精神，牢牢把准“为谁培养人、培养什么人、怎样培养人”的根本问题，坚决贯彻党中央关于教育工作的重大决策部署，真正把“两个确立”转化为做到“两个维护”的思想自觉、政治自觉、行动自觉。

李荣灿强调，当前湖北正处在疫后重振和高质量发展的关键时期，地大要紧紧围绕湖北实际，积极支持鼓励引导科研平台和各类人才把论文写在荆楚大地上，助力湖北产业与经济发展。要切实抓好后继有人这个根本大计，坚持用党的创新理论培根铸魂，用社会主义核心价值观立德树人，用中华民族伟大复兴中国梦凝心聚力，着力培养造就堪当民族复兴重任的时代新人。青年学生要牢记习近平总书记的嘱托，立大志、明大德、成大才、担大任，以“请党放心、强国有我”的使命担当，书写无愧于时代的青春华章。

▲ 李荣灿讲话

▲ 黄晓玫讲话

黄晓玫在总结发言中指出，学校将立足新发展阶段，做好3个方面工作：一是深入学习宣传贯彻党的十九届六中全会精神和湖北省委十一届十次全会精神，精心组织六中全会精神的学习培训和分类宣讲，确保理论学习全覆盖。二是加强党的建设，强化党对学校工作的全面领导。坚持人才引领发展的战略地位，营造识才爱才敬才用才的优良环境，服务湖北打造全国重要的人才中心和创新高地。三是推动学校事业全面融入和服务国家、湖北省经济社会发展。承担起建设科教强省的主力军使命责任，发挥学校优势和特色，把论文写在荆楚大地上，服务国家、湖北经济社会高质量发展，为湖北省早日实现“建成支点、走在前列、谱写新篇”的战略目标做出地大贡献。

（**地大新闻网讯 记者** 雷龚鸣 **摄影** 王俊芳）

社会合作

学校与广州海洋地质调查局签署共建联合研究院合作协议

2021年2月23日，校长王焰新、副校长赖旭龙一行赴中国地质调查局广州海洋地质调查局，就进一步深化双方合作进行交流，并签署共建联合研究院合作协议。

▲ 签约仪式

广州海洋地质调查局副局长许振强对调查局概况、业务成效、与校方合作及联合研究院共建方案等作具体介绍。

学校长久以来与广州海洋地质调查局保持着良好的合作关系，双方于2018年签署战略合作协议。为进一步服务海洋地质调查事业转型发展，促进科教深度融合，创新人才培养方式和科技平台运行机制，支撑服务海洋强国建设，经充分协商，双方决定发挥各自在区位条件、调查能力、基础设施和学科建设、基础研究、人才智力等方面的互补优势，共建联合研究院。双方将重点开展以下工作：一是从2021年启动研究生联合培养计划，培育符合新时代地质事业发展的海洋地质人才；二是依托联合研究院，在多领域开展科研合作，组建高水平联合科研攻关团队；三是依托广州海洋地质调查局南沙科研基地，共同打造面向未来、开放合作的科技创新平台。

签约仪式后，王焰新一行考察了广州海洋地质调查局南沙科研基地、南沙科考码头、海洋样品及岩心库等建设情况。

广州海洋地质调查局前身为1963年在南京成立的原地质部海洋地质科学研究所，主要从事国家基础性公益性海洋地质调查研究、天然气水合物等战略性矿产资源勘查和大洋、极地地质矿产综合调查研究工作，是我国海域天然气水合物资源调查及试采工作的主力和骨干队伍。

（**地大新闻网讯　通讯员**　成军）

学校与宜兴市签署全面合作框架协议

2021年3月31日，江苏省宜兴市举行“专家教授宜兴行”科技人才对接会。学校副校长赖旭龙，材料与化学学院、自动化学院、地理与信息工程学院教师代表，校友与社会合作处办公室、科学技术发展院等单位代表参加会议，并走进企业开展座谈交流。

会上，赖旭龙代表学校与宜兴市签署全面合作框架协议，科学技术发展院常务副院长胡圣虹作学校科技推介，副院长吴春明与宜兴奕安陶瓷有限公司董事长鲍鲲鹏为园林陶瓷产业技术创新中心揭牌，自动化学院副院长陈鑫与宜兴摩根热陶瓷有限公司签署意向合作协议，地理与信息工程学院吕建军教授获聘宜兴市“双招双引”大使。

▲ 签约仪式

会后，学校参会代表走进企业、工厂，先后与宜兴摩根热陶瓷有限公司、宜兴奕安陶瓷有限公司相关人员座谈交流，商讨校企合作具体事项。此次交流开启了学校与宜兴校地、校企合作序幕。

宜兴位于长三角几何中心，是中国的著名陶都，被誉为教授之乡，也是无锡“一体两翼”的重要一翼，产业基础厚实，新能源、集成电路、生物医药、生态文旅等新兴产业蓬勃兴起，电线电缆、节能环保等特色产业优势明显，县域综合竞争力位居全国前列，其产业布局与学校学科发展高度契合，具有扎实丰厚的合作土壤。

（**地大新闻网讯　通讯员**　张华）

学校与华为共建“智能基座”产教融合协同育人基地

2021年4月6日，学校与华为技术有限公司（简称“华为”）举行“智能基座”产教融合协同育人基地签约仪式。华为昇腾计算业务总裁许映童、华为湖北云计算业务总经理刘湘清、校党委书记黄晓玫、相关职能部门负责人、计算机学院全体党政干部参加签约仪式。

▲ 与会人员合影

黄晓玫致欢迎词。她感谢华为对学校在产教融合、人才培养、技术创新等领域的关心和支持。她表示，共建“智能基座”将深化信息技术领域人才培养模式改革和协同创新，着力构建以信息技术领域和关键新技术为基础的产业与人才生态体系，提升解决关键核心技术的能力，为培养一批适应和引领新一轮科技革命和产业变革的卓越工程人才奠定了坚实的基础。她希望，双方能勠力同心谋合作、雷厉风行出真招、锲而不舍抓落实，切实做好校企间的协调联动，显著盘活双方资源、提升人才培养质量、推动科研成果转化。

▲ 黄晓玫讲话

许映童就学校对华为的信任表示感谢。他希望通过共建“智能基座”基地，构建以鲲鹏、昇腾和华为云等关键技术为核心的产业与人才生态，为夯实中国数字经济发展奠定人才基础，并以“智能基座”签约作为新起点，在人才联培、科研合作、社会服务等方面探索更多校企合作空间。

▲ 许映童讲话

计算机学院副院长陈云亮介绍了学院发展情况和基地建设主要内容。2020年9月，教育部高等教育司下发《关于在有关高校建设教育部－华为“智能基座”产教融合协同育人基地》的通知，北京大学、中国人民大学、清华大学、中国地质大学（武汉）等72所高校入选基地建设名单。在“智能基座”建设中，学校与华为公司将基于学校专业学分课程和鲲鹏、昇腾、华为云体系的知识点，联合开发适应行业发展需要的课程；面向教师组织开展关键核心领域技术培训，提升教师教学水平和实践能力；组织学生成立俱乐部，参加各类创新创业实践、开发者大赛和相关论坛峰会；华为将提供基于鲲鹏、昇腾的计算产品，以及华为云等软硬件资源，丰富学校技术实践教学资源。

会上，王力哲和刘湘清代表校企双方签署《中国地质大学－华为“智能基座”

▲ 双方代表签署合作协议

▲ 黄晓玫(右)与许映童(左)共同为“智能基座”产教融合协同育人基地揭牌

产教融合协同育人基地合作协议》。黄晓玫与许映童共同为“智能基座”产教融合协同育人基地揭牌。

（地大新闻网讯 通讯员 黄燕霞）

学校与中石化签署战略合作协议

2021年4月9日，学校与中国石油化工集团有限公司（简称“中石化”）在京签署战略合作协议。校党委书记黄晓玫与中石化董事长、党组书记张玉卓座谈交流，共同见证签约。按照协议，双方将在人才培养、科技研发等方面加强合作，为保障国家能源安全做出贡献。

▲ 集体合影

学校校长王焰新与中石化总经理、党组副书记马永生代表双方签署协议。中石化副总经理刘宏斌，学校副校长赖旭龙、王华参加签约仪式。

张玉卓代表中石化对黄晓玫、王焰新一行的到来表示欢迎，感谢学校长期以来对中石化建设发展的支持和帮助，并介绍了中石化“十四五”规划、科学研究、人才培养等方面的情况，希望双方继续保持密切合作，共同推进重大项目谋划，探索企校合作新模式，努力实现创新驱动发展。

马永生指出，地大为国家油气勘探事业培养了大量杰出人才，产出了高质量科技成果。他希望双方以此次签约为契机，充分发挥各自优势，在新一轮科技革命中抢占先机，并形成长效机制，将协议内容逐项落地落实，共同促进企校高质量发展。

黄晓玫代表学校对中石化给予学校的关心和支持表示感谢。她介绍了学校办学历史、人才培养和科学研究方面的特色与优势。她表示，学校将进一步凝聚资源，加强与中石化在平台建设、科学研究、人才培养等方面的深化合作，推进原始创新项目攻关，服务国家战略，为中石化能源产业发展贡献地大力量。

王焰新表达了学校服务中石化发展的愿景，并对服务中石化高质量发展提出了3个方面建议。他希望双方未来进一步加强“产学研用”合作，深化产教融合，在共同谋划重大科研项目、新能源技术研究及国际合作交流等方面开展深度合作。

（地大新闻网讯　通讯员　袁江）

长江流域碳中和产业技术创新中心在校揭牌成立

2021年5月24日上午，学校与武汉金龙集团合作协议签订暨长江流域碳中和产业技术创新中心（简称“产业中心”）揭牌仪式举行。武汉金龙集团董事长雷贤忠、总裁王军、董事长助理雷晨，学校校长王焰新院士、副校长赖旭龙，双方相关单位负责人参加了会议。科学技术发展院常务副院长胡圣虹主持会议。

赖旭龙致欢迎词并简要介绍学校情况。他表示，成立长江流域碳中和产业技术创新中心，是顺应国家战略，以科技力量实现低碳发展的有力举措。他希望，校企双方积极发挥学科优势和行业优势，围绕“3060碳达峰、碳中和”和“长江大保护”

国家重大战略需求，立足武汉，覆盖湖北，面向长江流域，辐射全球，力争在5～10年内将产业中心建设成为碳中和数据中心、技术中心、人才中心，打造“国际碳中和示范区”。

雷晨从“深耕产业、专业专注，文化造魂、系统打造，五年规划、扬帆起航”3个方面介绍了企业发展及产业中心发展设想。

环境学院院长马腾从产业中心建设的背景及必要性、建设思路与目标、中心组织结构及近期任务与目标等方面汇报了产业中心发展规划。

王焰新、雷贤忠分别代表学校、企业签署合作协议，并共同为产业中心揭牌。根据协议，武汉金龙集团将提供2000万元的研发经费支持产业中心建设。

▲ 王焰新(第一排右)与雷贤忠(第一排左)代表双方签署合作协议

▲ 王焰新(右)与雷贤忠(左)共同为产业中心揭牌

据了解，武汉金龙集团是一家农业产业化国家级重点龙头企业、湖北省养猪行业协会会长单位，在生态环保等领域一直与学校保持着良好的合作关系。双方共建的产业中心将以生猪养殖产业链碳中和为突破口，逐渐拓展至综合农业和生态环保等其他行业；以调查分析碳足迹、水足迹为基础，研发生态治理和低碳经济相结合的碳中和新技术和新方法；揭示环境系统中水、土、气、生等各要素耦合作用下温室气体产生与释放机理；构建温室气体排放大数据与模型及评估方法体系；研究碳交易政策法规，开发碳交易项目；探索碳标识、碳认证标准化和制度化，提升“双碳”空间治理水平。

（**地大新闻网讯　记者** 庞伟红　**通讯员** 张华　**摄影** 田甜）

学校与新县人民政府签订全面合作框架协议

2021 年 6 月 5 日，学校与新县人民政府在新县开展交流座谈并签订全面合作框架协议。新县县长夏明夫，副县长张彬，学校党委书记黄晓玫，校长王焰新，副校长傅安洲、王华，校党委副书记王林清，副校长刘杰、刘勇胜，校党委常委、宣传部部长储祖旺，校长助理周爱国，双方相关部门主要负责人等参加会议。

傅安洲从学校办学特色、学科优势、服务区域经济社会发展等方面介绍了学校的基本情况。他希望学校能够充分利用合作契机，积极参与新县国土空间规划编制、生态环境修复、地质灾害防治、自然资源勘查、美丽乡村建设、生物多样性调查等工作，为红色新县加快实现“两个更好”、加快实现经济社会高质量发展注入强大动力。

▲ 傅安洲讲话

夏明夫从地理位置、红色基因、经济发展等方面介绍了新县的基本情况。他说，当前新县聚焦山水资源、红色历史和健康发展，提出“山水红城健康新县”的理念，致力于将革命老区建设得更好、让老区人民过上更好生活。他希望地大能够发挥高校科研优势、人才优势，为老区发展把脉问诊、理清思路，在“十四五”期间帮助新县走好高质量发展之路。

▲ 夏明夫讲话

刘杰和张彬代表双方签订全面合作框架协议。

（地大新闻网讯 记者 田甜）

▲ 刘杰（第一排左）与张彬（第一排右）代表双方签订全面合作框架协议

学校首个省校合作智库示范基地揭牌

▲ 座谈会现场

2021年，学校首家省校合作智库示范基地揭牌仪式在山西省晋城市举行。晋城市委常委、组织部部长辛艾艾，晋城市委、市政府相关单位负责人，中国地质大学（武汉）及清华大学、中国矿业大学（徐州）、安徽理工大学、山西农业大学5所高校相关院系负责人和专家参加揭牌仪式与推进会。

会议由晋城市委副秘书长、政研室主任李靖芳主持。

环境学院党委书记李素矿与辛艾艾共同为省校合作智库示范基地——"中国地质大学（武汉）晋城市水务局合作智库基地"（简称"基地"）揭牌。

▲ 李素矿（左）与辛艾艾（右）共同为省校合作智库示范基地揭牌

李素矿向晋城市委、市政府对学校省校合作智库示范基地建设给予的支持表示感谢。他强调，共建基地是环境学院落实学校与山西省战略合作的具体举措和生动实践。他简要介绍了学校和环境学院的概况以及近年来取得的主要发展成就、学校与山西省内相关单位开展合作等情况。他建议，通过双方合作，多途径、多方式开展科学研究、科技成果转化应用、高层次人才培养、红色教育资源开发利用、生态文明思想教育实践等，把省校合作智库示范基地做实做优，切实体现合作智库基地的重要作用和价值意义，为服务晋城经济社会创新转型、高质量发展献计献策。他表示，学校将依托省校、市校合作，把本次合作智库基地推进会作为进一步深化合作的新起点，建成学科专业发展的加速器、人才培养的大舞台、政策创新的策源地和服务社会的新平台，在更好地服务山西晋城创新转型、高质量发展中贡献地大环境人的智慧和担当。

环境学院研究员高旭波表示，长期以来，在山西省水利厅和晋城市委、市政府的大力支持下，地大同晋城市水务局在水文、水资源、水生态保护、水污染防治以及党建工作等方面进行了全方位的合作，取得显著成效。作为一名教育工作者和科技工作者，他将努力为美丽晋城市发展和智库基地建设做出更大的新贡献。

长期以来，学校师生在晋城市水务局举办水利业务讲座，晋城市水务局技术人员和地大师生共同开展课题会商研讨已成为常态。地大和晋城市水务局的合作，不仅仅局限在业务层面，以“弘扬国旗精神，争创时代楷模”为主题的党建交流工作也成为了联系两家的重要纽带。张国旗同志是地大1985级水文地质专业毕业生，毕业后毅然放弃省城优厚的生活条件，回归故里报效家乡，成为晋城市陵川县水务局一名专业精湛的水利科技工作者，2001年在西石门村为群众饮水解困事业中献出了年轻的生命。2006年，以张国旗为原型的故事片《红山雨》在全国上映；2007年，学校在校园内建立张国旗塑像；2017年，学校实施“张国旗班行动计划”，教育了一代代的“环境人”“地大人”。“张国旗班行动计划”近年来已成为双方青年党员学习交流的重要平台。2020年3月26日，学校环境学院“张国旗”班的学生和晋城市水务局青年党员一行30余人，在陵川县举行了庆祝建党100周年党史学习教育——张国旗精神座谈会。传承与弘扬“国旗”精神已成为两家年轻党员的共同责任。通过多年的合作，学校师生严谨、敬业的精神，影响和带动了晋城市水利系统一大批技术人员，科学求实的学术成果为晋城市水利事业的改革发展做出了重要贡献。

（**地大新闻网讯　通讯员**　高旭波　严丽莎）

学校与中国交建签署战略合作协议

2021年11月1日，学校与中国交通建设股份有限公司（简称“中国交建”）签署战略合作协议。校党委书记黄晓玫与中国交建党委副书记、总经理王海怀座谈交流，共同见证签约。

校长王焰新与中国交建党委委员、副总裁周静波代表双方签署协议。中国交建市场部总经理赵晖、华中区域总部总经理彭亮星，校党委副书记成金华、副校长刘杰参加签约仪式。

▲ 王焰新（第一排左）与周静波（第一排右）代表双方签署协议

周静波介绍中国交建科学研究、人才培养、校企合作等方面的情况。他希望双方通过此次签约，进一步加强人员互动交流、联合开展科研项目研究、重大科技攻关，探索在共建高层次人才培养、打造产学研创新平台等方面的校企合作新模式。

王焰新介绍学校情况并对深化校企合作提出了具体建议。他说，在中国交建及各分公司的支持下，校企之间一直保持着良好的合作关系，结成了深厚友谊、建立了高度互信。学校将进一步发挥学科、人才综合优势，促进校企合作提档增效。他希望双方进一步完善校企合作机制，在共同引进高层次人才、开展“订单式”人才培养、共同培养高水平留学生、共同建设高水平科技创新平台、共同谋划重大科研项目等方面开展深度合作。

黄晓玫充分肯定了中国交建在服务国家交通强国建设和“两新一重”基础设施建设中取得的显著成就。她说，中国交建修建中国路、中国桥、中国港、中国岛、中国城，制造中国装备，用一个个让世界惊艳的项目，重新定义了中国企业在基础设施建设领域的领跑者角色。她期盼中国交建与学校携手奋进，共同将生产实践中的具体问题转化为科学家的研究课题，共同在行业转型中抓住技术革命的新机遇，共建校企创新联合体，为服务国家战略、服务行业发展做出新的贡献。她代表学校，邀请中国交建领导莅临学校参加校庆70周年相关纪念活动。

王海怀代表中国交建感谢地大为公司输送了大批优秀人才、提供了强有力的产学研支持。他介绍了中国交建“十四五”规划的总体情况，希望双方面向国家战略需求，在构建校企联合创新体、解决“卡脖子”关键技术问题、服务国家重大项目需求等方面发挥各自优势，推动双方合作再上台阶。

（**地大新闻网讯　通讯员**　周迪　**摄影**　庞伟红　张睿）

学校与安康市人民政府签署战略合作协议

2021年12月6日，学校与安康市人民政府签订市校战略合作协议。校党委书记黄晓玫、副校长王华与安康市市长武文罡、副市长寇全安座谈交流。王华主持会议。

武文罡介绍安康情况并感谢学校对安康富硒产业持续健康发展做出的重要贡献和对安康城市建设的支持。他表示，安康在“十四五”期间，迫切需要科技与人才支持，希望与地大在富硒资源开发利用、科研平台建设、科技成果转化、城市规划建设、地质灾害防治、水资源保护等领域展开产学研合作，并建立长期的、全面的战略合作关系。

王华副校长与寇全安副市长代表双方签署合作协议。

双方围绕科研发展、资源开发、生态保护、人才培养等方面进行了深入交流。

黄晓玫代表学校对武文罡市长一行表示欢迎，感谢安康市人民政府对学校发

▲ 王华（第一排右）与寇全安（第一排左）代表双方签署合作协议

展的关心与支持。她表示，安康正处于高质量跨越式发展的最好机遇期，双方有着共同的使命和愿景，具备良好的合作基础和广阔的合作发展空间。学校将按照协议约定，整合人才、学科、团队、平台等各类创新资源，在国土空间规划、生态修复、土地综合整治、矿产资源勘查开发等领域提供人才、科技支撑。希望双方在湿地保护、生态环境综合整治等方面，集中攻关一些有示范性、有影响力的重大项目。学校将继续助力安康硒产业发展，推进成果转化与产业化平台建设，促进产学研结合，推动校市合作迈上新台阶，实现双赢。

安康市科学技术局、自然资源局、统计局、富硒产业发展办公室有关负责人，中国地质大学（武汉）学校办公室、科学技术发展院、校友与社会合作处、远程与继续教育学院、资产经营公司、资源学院、材料与化学学院等单位负责人及专家代表参加座谈交流。

（**地大新闻网讯 通讯员** 周迪 王思予 **摄影** 庞伟红）

学校与济宁市人民政府、山东省地质矿产勘查开发局签署战略合作协议

2021年12月10日，学校在山东济宁与济宁市人民政府、山东省地质矿产勘查开发局签署战略合作协议。济宁市委书记、市人大常委会主任林红玉，山东省地

质矿产勘查开发局党委书记、局长张忠明，学校党委书记黄晓玫参加签约仪式并致辞。济宁市委副书记、市长于永生主持签约仪式。

林红玉代表济宁市委、市政府，向山东省地质矿产勘查开发局和学校对济宁的关心支持表示感谢。林红玉说，地质工作是经济社会发展中具有重要先行性、基础性的工作，服务于经济社会的各个方面。山东省地质矿产勘查开发局与济宁市人民政府在采煤塌陷地治理、科技管矿、地质环境修复治理等方面开展密切合作，促进了地质矿产工作与地方经济社会发展的融合，实现了双方的互利共赢。围绕"政产学研用"深度融合，地大多个专家团队在采煤区地质环境治理、矿山生态修复、采煤沉陷区综合治理工程、经济社会发展与土地利用等领域与济宁市人民政府合作，取得了良好的社会效益和生态效益。他希望各方以此次签约活动为新起点，加强在地质研究、矿产勘查、生态治理、资源综合利用等方面的交流与合作，加快推动科研成果落地转化，为济宁市新旧动能转换和高质量发展提供更加有力的智力和技术支撑。济宁市将配置最优资源、搭建最好平台，主动对接服务，全力协调配合，推动合作协议落地落实，共同谱写合作共赢新篇章。

张忠明希望各方充分发挥各自优势，在矿产资源勘查开发利用、采煤塌陷地综合治理、地热清洁能源勘查开发利用、重点地质科技攻关、科技成果转化及人才培养等领域展开深度合作，切实把大学的科研人才优势、山东地矿的专业技术优势转化为助推济宁市高质量发展的产业优势，协同打造中国地质领域产学研合作的典范。

▲ 三方代表签署战略合作协议

黄晓玫说，学校将本着“优势互补、协同创新、共同发展”的原则，充分发挥学校人才、科研、平台等优势，在经济社会和科技发展等重大问题研究、科技创新和成果转化应用、专业型和技能型人才培养与输送等领域积极作为，着力发挥科技创新对区域经济社会发展的支撑作用，着力强化济宁市本地企业的创新主体地位，着力增强山东省尤其是济宁市地勘行业、矿业行业的产业链、供应链韧性，努力为济宁市新时代现代化强市建设添砖加瓦。她希望各方以本次签约为契机，不断完善合作机制，加强工作交流，将各项合作任务实体化推进、项目化落实，携手共创美好未来。同时，她代表学校邀请济宁市、山东省地质矿产勘查开发局领导、专家明年参加学校70周年校庆系列活动，指导学校的建设和发展。

仪式上，校党委副书记王林清代表学校与济宁市政府、山东省地质矿产勘查开发局签订了战略合作协议。

（**地大新闻网讯 通讯员** 王珩）

乌拉圭驻华大使费尔南多·卢格里斯一行来校访问

2021年5月25日，乌拉圭驻华大使费尔南多·卢格里斯、乌拉圭驻上海总领事莱昂纳多·奥利维拉·德·安德烈一行来校访问，湖北省人民政府外事侨务办公室美大处处长胡健一行陪同。学校副校长赖旭龙会见来宾，长江日报高级记者、学校兼职教授余熙，教务处、研究生院、海洋学院和国际教育学院相关人员参加会议。

赖旭龙对费尔南多·卢格里斯大使一行来访表示欢迎，并从历史沿革、学科特

▲ 集体合影

▲ 座谈会现场

色和办学情况等方面介绍了学校相关情况。他表示，学校愿积极参与中乌共商生态保护大计、共建地球生命共同体的行动计划，着力推动绿色“一带一路”国际合作，与乌方相关高校和科研机构在新能源开发、环境保护、防灾减灾、自然教育、生物多样性研究等领域建立战略伙伴关系，共同构建生态环保的绿色机制，编制交流合作的绿色网络，培养生态文明领域的绿色国际人才，为全球生态治理贡献智慧和力量，共建共享一个充满生机、清洁美丽的世界。

费尔南多·卢格里斯表示，乌拉圭一直将中国视为互相信赖的好朋友、好伙伴，乌拉圭是首个同中国签署共建“一带一路”谅解备忘录的南共市国家。中国与乌拉圭将在工业、可持续能源、矿业、海洋、基础设施、高新技术等领域开展广泛的合作。他们积极推动乌拉圭高校与地大在留学生培养、环境保护、清洁能源、矿产、海洋、南极科考、人文等领域开展合作。

（**地大新闻网讯 通讯员** 许峰）

第二章 地负海涵容万象

校领导及校友总会一行走访福建、成都校友

2021年4月10日，中国地质大学校友总会秘书长徐岩一行与福建校友座谈，厦门、泉州、莆田三地的10多位校友齐聚厦门参加座谈。北京校友会副会长范江浩一行2人参会。

福建校友会会长、厦门三烨清洁科技股份有限公司董事长、72921班卢禄华校友致欢迎词。

校友工作与教育基金管理处处长、校友会秘书长徐岩向福建校友会在座校友们分享了建立校友互助平台的基本思路，介绍了母校春夏秋冬四季的校友品牌活动，并与福建校友会商议了由福建校友会承办的地质资源环境高峰论坛的相关事宜。

福建校友会荣誉会长、龙岩中元大酒店董事长、北区"笑脸门"捐赠者、岩矿分析专业1978级李忠荣校友分享了2014—2021年期间4次进藏经历。李忠荣校友不畏病魔，战胜困难，先后4次经青藏线、川藏线体验了雪域高原的惊险。

▲ 4月10日座谈会合影

4月11日，学校党委副书记王林清一行走访福建校友企业奇幻熊（厦门）信息技术有限公司，法学专业1998届林永佳校友向校友和母校老师介绍企业发展概况。

▲ 4月11日走访校友企业合影

与会校友就校友企业VR（虚拟现实）、AR（增强现实）系列产品展开交流。福建校友会会长卢禄华表示期待分会校友走进校友企业、母校师生走近福建校友企业的交流活动能够常态化。

王林清说，林永佳校友从法学专业转向互联网高科技行业跨界发展，充分体现了学校人才培养的多元性、包容性和交叉性，学校为校友在科技前沿的探索和成就感到骄傲，希望校友与校友、校友与母校之间多交流，助力校友事业发展。

4月12日，校友工作与教育基金管理处处长徐岩一行前往四川省成都市崇州看望川渝校友会患病校友。

（地大新闻网讯 通讯员 丁苗苗）

重回南望 畅想未来

——“全桂矿业·地大杯”第六届校友足球赛开幕式成功举办

2021年5月15日上午，“全桂矿业·地大杯”第六届校友足球赛开幕式在南望山校区足球场举行。阔别两年，校友足球赛重新开启。学校副校长傅安洲、相关学院和职能部门负责人出席了开幕式。

由于天气原因，原定于8时的开幕式暂时推迟，校友们欢聚弘毅堂，为足球赛预热。话筒在16支队伍间依次传递，雷鸣般的掌声和欢呼声不绝于耳。广西队带来的歌曲串烧让我们体验了广西的民风民俗，极具特色。深圳队带来的啦啦操表演更是将现场的气氛推向了高潮。

风窗停暑雨。被暴雨洗涤过的天空格外纯净，校友们热情高涨地返回球场。9时40分，开幕式正式举行。

▲ 开幕式

副校长傅安洲致欢迎词。他代表学校对校友们关心母校建设，在新冠肺炎疫情期间火速驰援武汉、与母校共克时艰表达了真挚的感谢。他希望校友们赛出水平，赛出团结友谊的足球精神，赛出艰苦朴素的地大精神。

▲ 陈海讲话

学校1989届校友、广西校友会会长、冠名本次比赛的全桂矿业投资咨询有限公司董事长陈海讲话。他表达了对英雄的武汉人民的崇高敬意。他为母校的繁荣发展感到自豪。征途漫漫，唯有奋斗，他希望校友运动员们尽情逐梦，赛出水平，赛出精神。

裁判员代表高淇、运动员代表罗灵分别代表本次比赛裁判员、运动员宣誓。

副校长傅安洲宣布比赛开始，傅安洲与陈海共同开球，第六届校友足球赛正式拉开帷幕。

本次比赛有来自北京、广东、陕西、深圳、浙江、川渝、福建、贵州、上海、河南、湖北、广西、江苏、青海、珠海等地的16支校友分会足球队参加，共500余位校友及家属返校。

（**地大新闻网讯　文字**　旷杰媛　朱师锐　**摄影**　薛力鑫　赵临洲　张言榛　方华杰）

“全桂矿业·地大杯”中国地质大学第六届校友足球赛圆满举办

▲ 第六届校友足球赛圆满举办

经过紧张激烈的点球大战，湖北校友会足球队最终战胜深圳校友会足球队成功捧杯，历时一天半的“全桂矿业·地大杯”校友足球赛在深圳校友会活力四射的啦啦操表演中圆满结束。

2021 年 5 月 16 日上午，由各地方校友分会球员组成的校友足球联队与新校区学生足球联队进行了一场精彩纷呈的友谊赛，双方打成平手。

校党委副书记王林清，校党委常委、党委宣传部部长储祖旺，中国地质大学出版社党总支书记李国昌，校友工作与教育基金管理处处长徐岩、副处长吕占峰、副处长胡肖，冠名本次比赛的全桂矿业投资咨询有限公司董事长陈海，各分会会长、秘书长出席闭幕式。校友工作与教育基金管理处副处长胡肖主持闭幕式。

最终湖北校友会足球队摘得桂冠，深圳校友会足球队获得亚军，北京校友会足球队获得季军。浙江、上海、贵州、川渝校友会足球队分别荣获第四至第七名。深圳校友会获最佳宣传奖，深圳啦啦操队获最佳啦啦操队奖。最佳组织奖由青海、河北、广西、贵州校友会获得。广州、陕西、MBA、河南、广西、河北、青海、珠海代表队获评道德风尚奖。上海队何山、深圳队杨伟俊分别荣获“最佳守门员”称号和金球奖。

王林清致闭幕词。他表示，校友足球赛让全体校友们加强了联系，促进了友谊，凝聚了共识。学校将竭力打造更丰富、更优质的校友品牌活动作为校友们“回家”的桥梁。期待学校七十华诞时我们再次相见。

▲ 王林清、陈海为冠军球队湖北校友会足球队颁奖

▲ 王林清致辞

本次比赛有来自北京、上海、广东等16地的500余名校友及家属参加，将校友交流与健康的足球运动结合起来，为打造地大校友文化画上了浓墨重彩的一笔。

广西校友会会长陈海对本次足球赛的成功举办表示祝贺。他欣喜地说："这次比赛是在英雄的城市——武汉举办，作为疫情过后的第一场校友足球赛，各地校友满怀激情，积极参与，在赛场上挥洒汗水。我们希望，校友们能在赛场上玩得开心，释放自己的压力。最后，衷心地祝愿母校越来越好，校友会的活动越来越出彩。"

各地校友以球会友，忆往昔峥嵘岁月。"地大杯"校友足球赛走过了风风雨雨的7年，成功举办6届，成为校友们交流情感、切磋球技的重要途径，深化了校友间的友谊，激发了校友们的爱校情怀。

（**地大新闻网讯　文字**　旷杰媛　赵睿思　**摄影**　薛力鑫　赵临洲　张言榛　方华杰　罗景兮）

共启芳华：273名毕业生受聘为2021届校友大使

2021年6月3日下午，2021届校友大使聘任暨2021届毕业生校友分会成立大会在迎宾楼报告厅召开。校党委副书记王林清、各学院及相关单位负责人、200余名校友大使参与会议。校友工作与教育基金管理处丁苗苗主持会议。

2021届校友大使聘任仪式在《欢迎加入中国地质大学全球校友会》的短视频中拉开序幕。40余位校友分会的会长、秘书长表达了对毕业生们的欢迎和祝福。

为了让毕业生更了解校友会的组织体系和校友工作，校友工作与教育基金管理处副处长、中国地质大学校友总会副秘书长胡肖介绍了中国地质大学校友总会的基本情况，对校友会的工作体系、工作家底、工作理念进行了详细的讲解。校友会通过组织校友足球赛、“地二代”夏令营、值年返校等品牌校友活动增强校友与学校之间的联系，并希望通过品牌活动的开展促使校友们关心关注母校建设，助力母校发展。同时，向疫情期间驰援母校的各地校友分会和广大校友表示感谢。

与会成员审议并通过了《中国地质大学2021届毕业生校友分会章程》和2021届毕业生校友分会理事会名单。

环境学院本科毕业生史秋云作为2021届毕业生校友分会代表发言。她表达了对4年大学时光的怀念和对母校的感激之情，同时表示2021届毕业生校友分会将致力于服务广大校友，加强校友之间的联络，促进母校与校友的共同发展。作为连续两年校友奖学金的获得者，她希望能把这份爱传递下去。

毕业生校友分会自2018年成立第一届以来已走过了3个年头。会上，往届毕业生校友分会的会长、秘书长向本届毕业生校友分会送来视频祝福，希望2021届毕业生校友分会画好校友母校发展“同心圆”，打造好校友母校“发展共同体”。

资源学院2021届硕士毕业生王飞，作为2021届毕业生校友大使代表发言。他表示校友大使的称号既是一份荣誉，更是一份责任，是学校和校友联系的纽带、沟通的桥梁，是地大人对母校的精神依靠与念想。他倡议全体校友大使不忘初心，紧密联系和团结校友，做好收集校友信息、联络校友感情、组织校友活动等工作。

▲ 校党委副书记王林清（左）向2021届毕业生校友分会授旗

海洋学院硕士毕业生、2020届校友大使代表时梦临发言。他分享了自己毕业后一年时间内所做的校友大使工作。他表示2020届毕业生校友分会会继续充分发挥自身的能量，增强毕业生与各校友分会的联系，增强毕业校友的母校归属感，为校友提供交流学习、情感联系的平台。

校党委副书记王林清作总结讲话。他说，各个学院党政领导和负责老师莅临现场、各位毕业生同学在繁忙的毕业季抽空参加这场充满仪式感的大会，体现了全校师生对于校友工作的高度重视，足见大家对2021届毕业生校友分会工作的肯定与期许。他还说，地大校友在学校发展建设、基金捐赠、同心抗疫等方面贡献了重要力量，是校友情、母校情的真实体现。这次会议是各位校友大使从学生过渡校友身份的重要仪式，他期望每一位走出校园的毕业生携母校的美好记忆，走出宽广的幸福道路，乐享精彩人生。

刘苒漪、殷浩林、周静怡、穆雨4位同学现场演唱地大版《起风了》，把现场气氛推向高潮。

在全体齐声合唱《勘探队员之歌》的歌声中，2021届校友大使聘任暨2021届毕业生校友分会成立大会圆满结束。

▲ 大会全体合影

（**地大新闻网讯 文字** 戴周庆 旷杰媛 **摄影** 周千龙 努尔夏提）

学校召开1990届、1991届校友毕业30周年返校活动筹备组第一次会议

2021年6月21日，学校1990届、1991届校友毕业30周年返校活动筹备组第一次会议在东区教学综合楼B708召开。校友工作与教育基金管理处副处长胡肖，14个学院的校友与基金工作联络人，1990届、1991届毕业班级的18位联络人参加会议。

▲ 会议现场

会上讨论并确定了筹备委员会名单。胡肖详细介绍了返校活动方案。丁苗苗就校友返校的具体工作及注意事项进行了讲解。1990届、1991届返校班级总联络人、机械与电子信息学院党委书记瞿祥华对返校联络工作进行布置。与会人员就返校活动进行热烈讨论，并提出建议。

（**地大新闻网讯　通讯员** 旷杰媛）

光荣在党50年　校友深情母校行

2021年7月8日下午，学校未来城校区迎来了一位特殊的校友，他佩戴着“光荣在党50年”纪念章，迈着沉稳的步伐，来到未来城校区大门口与母校深情合影。

这位校友名叫张怀平，在中国共产党成立100周年之际，张怀平校友荣获“光荣在党50年”纪念章，他迫不及待地将这一喜悦与母校分享。他表示：“56年前，我在地大光荣地加入了共产党，今年建党百年，虽不能至嘉兴红船，但我一定要回

到母校，母校是我的根，是母校培养了我，让我知道务实，知道奋斗，更知道为人民服务！我对母校怀有深厚的感情，我的孩子在我的鼓励下报考了地大，将来我的孙女也要报考地大，《勘探队员之歌》是我全家在重要时刻一起合唱的歌曲，我们要把地大的情怀和传统延续下去。我成长的每一步都饱含了组织对我的关心和母校对我的培养，在建党100周年的日子里，我要带着纪念章回母校走一走，看看母校的发展，向母校的老师汇报我的情况。”

中国地质大学（武汉）原校长张锦高、校党委副书记王林清、校友与社会合作处处长徐岩及未来城校区管理办公室主任张玮等陪同张怀平校友一行参观了新校区。

随后，张怀平校友赴经济管理学院与学院老师座谈交流，经济管理学院党委书记杨昌锐、院长杨树旺参加了交流。张怀平校友深情回顾了在母校学习的点滴，讲述了他成长和奋斗的经历以及参与母校建设发展经历，给在座的全体成员上了一堂生动的党课。

▲ 张怀平校友与学院教师交流座谈

校党委副书记王林清表示，感谢校友一如既往地关心关注、大力支持母校建设发展，在建党100周年之际回到母校给我们上了一堂深刻的党课，期待校友赓续母校情怀，常回家看看。

（地大新闻网讯 通讯员 胡肖）

第五届"地二代"云端夏令营结营

为吸引更多同学关注地球科学、热爱地球科学，2021年7月9日—11日，第五届"地二代"云端夏令营活动成功举行。

"Earth 24H"科普品牌创始人、全国首批自然教育师、艺术与传媒学院2012级校友王子豪担任主讲人。

国家自然资源首席科学传播专家、学校图书馆馆长徐世球教授担任科学顾问。

本次夏令营活动以丹霞山世界地质公园为目的地，通过"趣闯丹霞山""神奇植物园""奇妙博物夜"3次课程，展示了地质学的文化魅力。

通过线上有奖问答、留言互动等丰富的形式开展云端学习，3次课程共吸引4500人次参与，课堂实时互动达7000余条。

完成课程打卡时长、线上考试的"地二代"将获得夏令营结业证书，参加互动环节并正确抢答的"地二代"将获得精心打造的"地学科普盲盒"。

本次活动吸引了很多校友陪同"地二代"共同学习地球科学知识。最后一次课程结束时，校友们通过线上留言和微信留言纷纷为活动点赞，希望校友会分享课程重播视频，并期待"地二代"云端夏令营活动常态化。

本次云端夏令营活动由中国地质大学校友总会、地球科学科普研究与创作中心主办，学生工作部、党委宣传部、中部知光技术转移有限公司协办。

中国地质大学（武汉）党委书记黄晓玫一行来陕看望地大在陕校友

中国地质大学（武汉）党委书记黄晓玫一行莅临西安调研，2021年7月28日下午来到西安曲江国际金融中心陕西校友会之家看望中国地质大学在陕校友代表，并召开座谈会。校党委副书记王林清，学校办公室主任侯志军，本科生院常务副院长周建伟，本科生院副院长、党委学工部部长郐海峰，计算机学院院长王力哲，党委委员王甫，信息化办公室主任吕国斌，校团委书记朱荆萨陪同。

长安大学原副校长刘建朝；中国地质调查局西安地质调查中心副主任计文化、基础地质处处长陈隽璐；中国地质大学陕西校友会会长马骉，常务副会长华曙光，副会长王义红、孙有斌、杜岳鸿、雷明川，执行秘书长余彦忠等20余位在陕校友参加了座谈会。

座谈会由陕西校友会会长马骉主持。马会长向学校领导汇报了陕西校友会的发展情况以及在陕校友的发展情况。参加座谈会的母校老师和校友会代表围绕校友会建设和母校发展展开了热烈的讨论，现场氛围热烈、温馨、和谐。

▲ 座谈会现场

校党委书记黄晓玫为在陕校友介绍了母校当前的发展情况。她表示，母校始终深切关注校友和校友会的发展，热切希望陕西校友能够在各个行业中取得辉煌的成绩，并为陕西校友会今后的发展提出了宝贵的意见。

▲ 黄晓玫讲话

最后，陕西校友会会长马骉对各位校领导、校友代表表示衷心感谢，对母校今后的发展和人才培养等方面工作提出了意见和建议。他表示，陕西校友会将牢记“服务校友、服务母校、贡献社会”的宗旨，积极探索高效的工作模式，帮助校友共同进步，努力建成服务母校高水平发展的联动合作平台。

此外，马会长为大家介绍了由中国地质调查局西安地质调查中心李志忠主任谱写的歌曲《三秦地大人》。这首歌曲以地大人的母校情怀为创作基调，全面地展现了地大在陕校友在不同工作岗位的奋斗历程，再现了地大“艰苦朴素、求真务实”校训精神。

（**地大新闻网讯　文字**　艾昊　**摄影**　吝岩）

副校长刘杰一行走访广西校友企业

2021年10月11日，校党委常委、副校长刘杰，校友与社会合作处处长陈华荣一行走访广西南宁校友企业——广西南宁全桂矿业投资咨询有限公司和广西华蓝岩土工程有限公司。

广西南宁全桂矿业投资咨询有限公司董事长、广西校友会会长陈海热烈欢迎刘杰副校长一行。陈海介绍了校友企业发展情况、战略布局、校企联合人才培养等，并就学校对口支援和定点帮扶、招生就业创业等工作提出建议。广西华蓝岩土工程有限公司董事长卢玉南校友就企业人才需求、人才培养和技术支持进行了交流。

▲ 副校长刘杰一行与广西校友座谈

刘杰充分肯定和高度赞赏了广西校友筚路蓝缕的开拓精神和艰苦创业的奋斗精神。他说，广西具有良好的地缘优势，地质资源禀赋较好，处于西部陆海新通道内联外接的关键点。他鼓励广西校友再接再厉，继续为区域经济社会发展贡献力量。母校永远作为广西校友的后盾，关注和支持校友事业发展。

（**地大新闻网讯　通讯员**　方芳　丁苗苗）

校党委书记黄晓玫带队赴上海走访看望校友

2021年10月16日，校党委书记黄晓玫、副校长刘杰带领校友与社会合作处、机械与电子信息学院负责同志赴上海走访校友企业、看望上海校友代表。

在中石化上海海洋石油局有限公司，1987届经济管理学院校友、公司总会计师申飞龙向黄晓玫书记一行详细介绍了上海海洋石油局有限公司的改革发展历程以及与学校开展产学研合作情况，希望校企双方在科技创新、人才培养等方面进一步加强合作，尤其是面向海洋石油装备研发领域开展高水平的联合科研攻关，推动新时代能源事业高质量发展。黄晓玫书记向上海海洋石油局有限公司的校友们介绍了学校改革发展以及“十四五”规划编制情况，希望校友们持续关心支持学校的事业发展，在与学校共建实践教学基地、指导学生开展高水平实践教学等方面开展更深入的合作。

在上海勘察设计研究院（集团）有限公司，公司总裁武浩向黄晓玫书记一行详细介绍了公司发展历程，并特别介绍了学校1982届校友、全国工程勘察设计大师许丽萍和1994届校友、公司副总裁金宗川的杰出成就，感谢学校为公司培养和输送了一大批优秀毕业生，帮助公司建成了一流的专家队伍、积累了雄厚的技术力量和丰富的工程经验。黄晓玫书记代表学校感谢公司为校友们提供成长舞台，介

▲ 黄晓玫一行走访上海海洋石油局有限公司

绍了学校发展历程和当前发展现状，并与公司领导就人才培养、科技创新等方面加强校企合作进行了交流。

随后，黄晓玫一行与上海校友会会长金宗川及上海校友代表座谈。校友们结合自己在工作岗位上的成长发展情况开展热烈交流，积极向学校建言献策。1996届校友、央固工程科技（上海）有限公司总经理陈磊说，学校近年来改革发展的一系列重要举措和显著成绩，充分体现了学校领导班子带领全校师生抢抓机遇、思变应变的决心和气魄，希望学校继续抓住当前的重大发展机遇，促进学校专家教授与企业对接，把学校的科研能力和成果积累转化为推动行业进步的创新力量。1994届校友、上海杰夏企业发展（集团）有限公司副总经理吕梁表和1996届校友、上海迪探节能科技有限公司董事长龙运雷等提出，希望学校加强校友会等平台建设，加强与校友的沟通交流，促进校友会更好地帮助全国广大校友成长发展，使校友与母校成为真正的“命运共同体”，提高校友的安全感、满足感和获得感。

刘杰副校长向上海校友会介绍了学校关于进一步做好校友工作的计划。他表示，学校将继续加强校友会建设，加大对优秀校友事迹收集和宣传力度，广泛联络校友、积极宣传校友，搭建好校友与母校合作交流的平台。他同时邀请上海校友在学校70周年校庆之际组团回校，亲身感受母校的发展变化。

黄晓玫书记讲话。她首先代表学校，感谢上海校友在疫情期间为学校提供的大力帮助，感谢校友们关心关注母校建设发展，从不同角度为母校提出了很好的建议和意见。黄书记指出，面向“十四五”，学校将认真贯彻立德树人根本任务，坚持更高水平的开放和更深层次的改革，更加积极地对接国家战略、区域经济社会发展和行业转型发展需求，推动学校实现高质量内涵式发展。黄晓玫表示，校友是学校的宝贵资源，校友与母校是不可分割的“命运共同体”，母校将一如既往地全力支持校友发展，期盼校友们取得更加辉煌的成就。她希望广大校友持续关注学校发展，为学校发展建言献策，学校将联合全体校友一道为早日实现地大梦而不懈奋斗。

（地大新闻网讯　通讯员 胡肖　陈华荣）

傅安洲带队走访河南校友单位并看望校友

2021年10月22日—24日，中国地质大学（武汉）教育发展基金会副理事长傅安洲一行走访河南校友单位并看望在豫校友代表。四方光电股份有限公司董事长熊友辉、科学技术发展院副院长单华生、校友与社会合作处副处长袁江、机械与电子信息学院副院长文国军、工程学院教授张国华、河南校友会副会长梁志军和秘书长彭丽等同行。

22日上午，傅安洲一行与在豫校友代表展开热切交流，围绕学校和校友会建设进行深入探讨。河南校友会副会长梁志军介绍了河南校友会的发展现状以及在豫校友的发展情况，希望学校搭建属地化服务平台，服务于校友企业实际需求。傅安洲对河南校友会的工作给予了充分肯定，表示学校将积极为校友提供支持和帮助，加强交流与沟通，助力校友事业发展。

22日下午，傅安洲一行前往河南能源化工集团有限公司调研，河南能源化工集团有限公司总经理田富军对傅安洲一行表示热烈欢迎，并介绍了集团发展概况与规划，希望与学校在科技创新、教育培训等方面进一步加强产学研合作。

傅安洲介绍学校当前的发展情况。他表示，依托学校人才优势，学校与河南能源化工集团有限公司在智能制造、新能源开发、无机非金属材料研发等方面有广阔的合作空间，期待学校与河南能源化工集团有限公司合作交流常态化。

▲ 傅安洲一行调研河南能源化工集团有限公司

23日上午，傅安洲一行来到河南省地矿建设工程(集团)有限公司，河南省地质矿产勘查开发局(简称“河南省地矿局”)副局长于伟同行。于伟表示，河南省地矿局与学校是多年的合作伙伴，感谢学校对地矿局的资源、科技与人才支持。河南省地矿建设工程(集团)有限公司总经理何俊照校友向学校老师介绍了公司发展历程以及与学校开展产学研合作情况，希望校企双方进一步深度合作，并祝愿母校发展越来越好。双方就从人才培养、就业服务等方面加强校企合作进行了深入交流。

23日下午，傅安洲一行前往中铁工程装备集团有限公司。集团董事长赵华从企业基本情况、科技创新体系、科技创新成果、未来研究方向4个方面详细介绍了集团情况，希望与学校进行“产学研用”深度合作。傅安洲表示，学校与中铁工程装备集团有限公司将进一步加强人才交流，开展研培基地建设、产业技术创新、知识产权应用等方面的合作，并建立长效沟通机制。

24日，傅安洲一行前往河南省平顶山市郏县看望郏县县委书记王景育校友并就校地合作的具体项目进行了交流。

(地大新闻网讯 通讯员 王思予)

校领导走访湖北校友企业

2021年11月4日，校党委书记黄晓玫、副校长刘杰一行走访脚爬客(武汉)信息技术有限公司、武汉华信联创技术工程有限公司、武汉中仪物联技术股份有限公司和四方光电股份有限公司等湖北校友企业，并与湖北校友座谈。

▲ 黄晓玫一行调研脚爬客(武汉)信息技术有限公司

黄晓玫一行考察了脚爬客(武汉)信息技术有限公司在环境地质、地质遗迹、地学旅游方面开展的科普宣教业务。公司总经理、地下水科学与工程2018届博士生李鑫依托学校水工环专业优势，为国内自然保护行业提供技术咨询和科普宣教服务。李鑫表示，希望未来在地学科普、户外运动等业务领域与学校加强人才培养方面的合作。

黄晓玫一行来到武汉华信联创技术工程有限公司，了解该公司为自然资源、地质、生态环保等部门提供的专业化、智能化气象服务情况。公司董事长、水文地质学专业2019级博士生龚杰介绍公司依托学校专业优势，立足地球环境观测领域，专业从事气象软件开发、气象大数据信息服务、地理信息平台研发及应用等工作的企业发展历程。

黄晓玫一行参观了武汉中仪物联技术股份有限公司的测试车间，公司研发的管道机器人为城市排水管网的优化提供了适应时代需求的解决方案。公司总经理、应用地球物理专业2001届校友郑洪标介绍，公司开发的一系列具有自主知识产权产品，在物探、城建、市政、国防、水利水电等各个基础建设领域得到广泛应用。

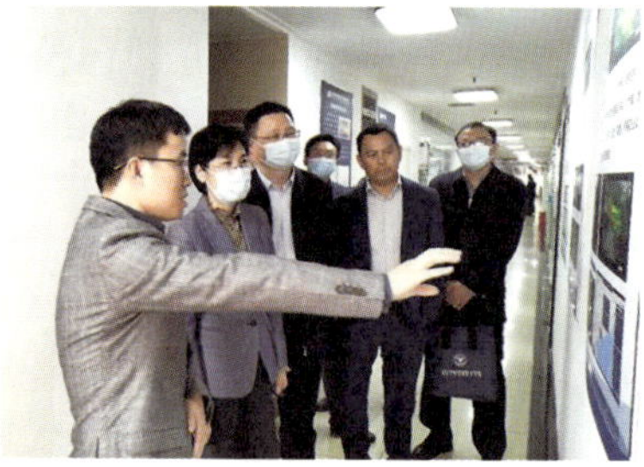

▲ 黄晓玫一行调研武汉华信联创技术工程有限公司

▲ 黄晓玫一行调研武汉中仪物联技术股份有限公司

黄晓玫一行参观了四方光电股份有限公司的工程技术中心、分析仪生产线等。公司董事长、湖北校友会副会长、煤田地质学专业1994届校友熊友辉介绍了公司18年来研发智能气体传感器和高端气体分析仪器的发展历程。他说，公司产品广泛应用于空气质量监测、环境监测、工业过程控制、安全监测、健康医疗和智慧计量等领域。

湖北校友会座谈会在四方光电股份有限公司会议室举行，10多位湖北校友代表参加座谈会。

熊友辉说，学校领导和校友代表共同参观校友企业的活动，是一场别开生面的实践课，期盼学校和校友将来建立全方位、多层次的校企合作，实现母校和校友

▲ 黄晓玫一行调研四方光电股份有限公司

▲ 座谈会现场

事业发展的双赢局面。湖北校友会将学习兄弟校友分会建设经验，进一步夯实省内地级校友会建设基础，充实湖北校友力量，将湖北校友会建设成传递地大精神价值的家园、维系学缘亲情的纽带、校友事业发展的平台。

贺健、付书科、张佳杰、律国军等校友代表纷纷发言。

刘杰说，湖北优秀校友代表用艰苦创业的奋斗经历，生动阐释了优秀的地大人如何应用专业知识为社会创造价值，以熊友辉校友为代表的湖北校友高标准严要求的企业责任、干事创业的眼界和胸怀，值得每一位在校大学生学习。校友一直是母校的亲人，主动关心和服务校友，聚合校内资源力量，助推校友事业发展，期盼校友们多提宝贵意见，这是学校建设发展的动力。

黄晓玫向湖北校友长期关心和反哺学校致以崇高敬意。黄晓玫说，参观调研的4家校友公司，尽管发展阶段不同、战略定位不同，但都处于欣欣向荣的上升期，她为此感到非常自豪。校友们应对市场和环境变化的应变能力、人才至上的企业价值取向和格局站位，以及求真务实、永不放弃的精神，对于母校办学治校都有着深刻的借鉴意义。面向“十四五”，学校将认真贯彻立德树人根本任务，坚持更高水平的开放和更深层次的改革，积极对接国家战略、区域经济社会发展和行业转型发展需求，推动学校实现高质量内涵式发展，致力于办让校友师生满意的更高水平大学。她期望校友与学校继续同向发力，建成紧密的“命运共同体”，也希望校友们继续弘扬校训精神，取得更大的成就，继续支持校友会建设，更加关心学校发展。黄晓玫代表学校邀请湖北校友会在2022年校庆70周年之时，组团回校共同感受母校建设的新面貌、新气象。

（地大新闻网讯 通讯员 丁苗苗）

分会活动

中国地质大学陕西校友会第二届会员代表大会暨西部绿色发展学术交流会在西安举行

2021年4月24日上午，中国地质大学陕西校友会第二届会员代表大会暨西部绿色发展学术交流会在西安举行。中国科学院院士彭建兵，中国地质调查局西安地质调查中心主任李志忠，中国地质大学（武汉）副校长傅安洲、校党委副书记王林清，相关学院和职能部门负责人，贵州、深圳、珠海、福建、湖南、湖北、浙江、上海、河南、河北、内蒙古、MBA校友分会代表，以及来自西安、杨凌、宝鸡和延安的近百名陕西校友参加会议。

陕西校友会换届工作筹备组的广播电视新闻学专业2006届校友李涛主持会议。

地质矿产勘查专业1994届校友华曙光介绍陕西校友会换届筹备情况，并转达陕西校友会第一届会长郭力校友的贺词。

校友工作与教育基金管理处处长、校友总会秘书长徐岩宣读《关于同意中国地质大学陕西校友会理事会换届的批复》。

会议审议并通过了《中国地质大学陕西校友会章程》。

会议选举产生中国地质大学陕西校友会第二届理事会。资源环境与城乡规划管理专业2004届马骉校友担任会长，华曙光校友担任常务副会长，斯尚华等10位校友担任副会长，李涛校友担任秘书长，地质矿产勘查专业1997届余彦忠校友担任常务副秘书长，郭红杰等11位校友担任副秘书长。

▲ 傅安洲（左）为陕西校友会授会旗

傅安洲为中国科学院院士彭建兵校友、西安地质调查中心主任李志忠校友颁发名誉会长证书，并为陕西校友会第二届理事会颁发聘书。

各校友分会做贺信展示。湖北校友会会长王学海校友代表校友分会致辞，祝贺陕西校友会第二届理事会诞生，并邀请各校友分会回到湖北武汉交流互动。

陕西校友会新任会长马骉致辞。他代表第二届理事会感谢第一届理事会的辛勤付出，表示将带领第二届理事会助推陕西校友会建设步入新台阶。

中国科学院院士彭建兵讲话。他深情回忆了40多年前，在母校读书和野外地质实习期间，马宗晋等院士和老师授课的情景，表示母校的学识基因对他的一生影响深远。彭建兵院士认为陕西具备3个典型的地质地貌带，为地质工作者提供了丰富的研究条件，希望陕西校友们扎根黄土大地，为陕西建设奉献力量，为母校赢得荣誉。

▲ 第二届理事会会长马骉讲话

▲ 彭建兵院士讲话

校党委副书记王林清讲话。他说，适逢“两个一百年”的重大历史交汇期，组建中国地质大学陕西校友会第二届理事会，是学校校友工作历程上的一件大事、喜事。他希望新一届陕西校友会，延续陕西校友的学缘亲情，讲好陕西校友故事，构建母校校友发展共同体。

▲ 王林清讲话

优秀校友杜岳鸿、马维峰分别作题为“地质灾害生态修复与治理”“信息化建设支持绿色发展”的学术交流，彭建兵院士现场点评。

与会人员集体合唱《勘探队员之歌》。

4月24日下午，西部绿色发展学术交流会举行。副校长傅安洲、校党委副书

▲ 中国地质大学陕西校友会第二届会员代表合影

记王林清等参加。

▲ 李志忠讲话

李志忠院长致欢迎词。他指出,要全面落实习近平生态文明思想,汇聚多方力量,全力支撑西部绿色发展。他号召广大校友响应关于西部绿色生态发展的6点倡议,推进西部绿色发展、低碳发展,形成节约资源和保护环境的空间格局、产业结构、生产方式和生活方式;促进协同创新,从源头上扭转生态环境恶化趋势,为西部生态安全做出贡献,共同投身美丽西部建设大业,共同见证西部变绿、变美、变富饶的伟大实践。

孙萍萍等11位专家作西部绿色发展研究报告。

会上,傅安洲讲话。他说,中国地质大学始终谋求“人与自然和谐发展”的价值观,与西部绿色发展研究院绿色高质量发展的理念高度契合,希望未来合作更加密切,为西部绿色高质量发展和支撑国家战略助力。

会议由中国地质调查局西部绿色发展研究院、西安地质调查中心、中国地质大学、西北大学、长安大学共同主办。

(**地大新闻网讯 文字** 丁苗苗 **摄影** 刘满林)

中国地质大学甘肃校友会成立

2021年6月27日下午，中国地质大学甘肃校友会成立大会在兰州隆重举行。中国地质大学（武汉）副校长傅安洲、学校相关学院和部门代表以及来自甘肃省的150余位地大校友和兄弟校友分会代表参加会议。

兰州交通大学土木工程学院副院长、地下建筑与工程专业73951班梁庆国校友主持会议，介绍参会人员。

校友工作与教育基金管理处处长、校友总会秘书长徐岩介绍学校校情和校友会建设情况。

环境工程专业53021班潘建磊校友介绍甘肃校友会筹备组一年以来的筹备情况。徐岩宣读《关于同意中国地质大学甘肃校友会成立的批复》。

会议审议并通过了《中国地质大学甘肃校友会章程》。

会议选举产生中国地质大学甘肃校友会第一届理事会，选举甘肃中天盛业房地产经济有限公司董事长、岩矿分析专业33832班鄢峰校友担任会长，11883班陈秀清、21932班张顺存、21962班苏龙、33842班付文翰等校友担任副会长，73951班梁庆国校友担任秘书长，53021班潘建磊、114043班张好贤等校友担任副秘书长。

副校长傅安洲向甘肃校友会授会旗，鄢峰校友接旗。

副校长傅安洲授校友之家牌，鄢峰校友、陈秀清校友共同接牌。

▲ 徐岩宣读批复文件

▲ 傅安洲（右）为甘肃校友会授会旗

▲ 甘肃校友会第一届理事会成员合影

甘肃校友会第一届理事会成员集体亮相。

▲ 傅安洲讲话

甘肃校友会会长鄢峰致辞。他说，甘肃校友会的成立是地大甘肃校友期盼已久、酝酿已久、努力已久的大事、喜事。第一届理事会将不负母校和甘肃校友的信任和期盼，建设好分会平台，凝聚好校友力量，扎实推进校友分会建设。

傅安洲讲话。他代表学校对远道而来的与会校友表示热烈欢迎，对筹备组同志的长期付出表示衷心感谢。他说，学校建校近70年，母校南迁办学50余载，始终坚持为党育人、为国育才的初心和使命，为国民经济主战场输送了大批优秀人才，这些离不开全校师生的辛勤耕耘和海内外30万校友的守望相助。他说，陇原大地涌现了大批政治精英、科技人才和商业翘楚，这是母校的骄傲。他期盼广大甘肃校友赓续地大文化，传承优秀基因和文化血脉，怀抱“矿业报国、科技兴国、人才强国”的志向，与母校成为真正的“命运共同体”。他代表学校欢迎广大甘肃校友常回家看看。

与会人员集体合唱校歌。

其间，甘肃校友代表表演了诗歌朗诵《我们骄傲：我们是地大人》、舞蹈《热血青春——致我的祖国》、长笛和小提琴合奏《未闻花名》等节目。

全体合影留念。

▲ 中国地质大学甘肃校友会成立大会合影

（**地大新闻网讯 文字** 丁苗苗 **摄影** 于小清）

风起北部湾　拥抱大湾区

——广西校友会和珠海校友会共同开展主题活动

值中国共产党成立100周年之际，广西校友会和珠海校友会在南宁市开展了一次别开生面的“学党史、悟思想、办实事、开新局”的学思践悟主题活动。

2021年7月20日，中国地质大学珠海校友会会长刘星一行前往广西南宁全桂矿业投资咨询有限公司参观并座谈。公司董事长、广西校友会会长陈海和部分广西校友与刘星一行共同探索了为校友企业发展提供对接桥梁与互补合作空间的可能。刘星和陈海两位会长分别代表珠海校友会和广西校友会介绍了本地校友会的建设情况，交流了建设地方校友会与时俱进的工作思路，阐述了地大校友在区域经济社会发展中的主要业绩和社会价值。

刘星说，校友工作要紧跟社会和时代要求，深化工作职能，随着北部湾与大湾区合作的加深，双方校友交流合作工作将步入实质性快车道。珠海的校友企业愿意利用大湾区产业优势和科技创新优势，为广西校友企业发展提供更多的配套设施与合作机会。

陈海表示，广西是北部湾海上丝绸之路的起点，正充分发挥北部湾经济区面向东南亚国家联盟（简称“东盟”）和沿海沿边优势，加强与大湾区、东盟的产业合作，打造特色鲜明、布局合理、区域联动的现代产业基地。他期盼，“两广”校友携手加强与海外特别是东盟国家的矿业合作，让中国的矿产企业“走出去”，把东盟矿产资源“引进来”，共同打造国内国际双循环格局，为“两广”工业的高质量发展贡献地大力量。

▲ 广西校友会会长陈海发言

（**地大新闻网讯 通讯员** 广西校友会 方芳）

湖北校友座谈会在未来城校区举行

2021年8月29日，地球化学专业1996届校友、人福医药集团董事王学海，煤田地质专业1994届校友、四方光电股份有限公司董事长熊友辉等约20位湖北校友一同参观了学校未来城校区，并与副校长刘杰及学校办公室、未来城校区管理办公室、校庆办公室、校友与社会合作处等职能部门负责同志座谈交流。

校友们依次参观了北大门铜板浮雕、明德广场校训石、地质人雕塑、生物地质与环境地质国家重点实验室、静思广场、弘雅堂、体育馆、图书馆等。刘杰副校长向校友们介绍了新校区的整体规划思路及景观设计、单体建筑设计，以及在设计时对传承大学精神、弘扬校园特色文化的考虑，并详细讲解了各单体建筑建设过程、使用情况。在了解新校区建设情况后，校友们纷纷为新校区建设感到骄傲和自豪。大家一致认为，未来城校区规划起点高、建设标准高、区位条件好、校园环境美，为学生们创造了一个非常舒适宁静的学习、生活环境，祝愿学校越办越好。

座谈会上，王学海代表湖北校友讲话。他说，通过在未来城校区的参观、调研，湖北校友代表切身感受到了母校日新月异的变化，为母校的发展成就深感自豪。历年来，母校团结和带领广大校友，与湖北同发展、共奋进。母校为湖北校友事业发展提供了诸多帮助，校友们备受鼓舞、心怀感恩。他表示，将与湖北校友携

▲ 与会人员在未来城校区明德广场合影

手成长，共同关心关注母校，支持母校建设与发展。

熊友辉说，在母校度过的4年时光，是一生最宝贵的经历。每次回到母校，总能感受母校的新发展、新变化。参观未来城校区，仿佛看到了母校的“未来”，在各个领域不断涌现地大精英，彰显了母校丰硕的发展成果。他希望湖北校友充分发挥地缘优势，与母校创建更广阔的合作共赢机会。

郑洪标、贺健、王勇刚、谢志军、龚杰、张佳杰、黄自鑫等校友也纷纷发言。

刘杰代表学校热烈欢迎湖北校友一行。他说，近些年来，学校坚持内涵发展、改革创新，大力实施人才强校战略和学术卓越计划，在各方面工作中都取得了一些新成绩。建设未来城校区，是学校破解办学资源短缺问题的重要举措，也是学校深度融入武汉未来科技城建设的重要战略布局。当前，学校正在完善“十四五”规划，大力推进更高水平开放、更深层次改革、更高质量创新。他强调，校友始终是学校最深的牵挂，学校始终是校友的坚强后盾。学校将不断加强校友会建设，依托校友的渠道资源、桥梁作用，拓展与社会各界的广泛联系，扩大学校社会服务的辐射面。学校也将不断加强校友服务体系建设，以更加积极的态度、更加有效的方法、更加多样的形式广泛开展校友合作，助力校友事业发展，努力形成母校与校友携手发展的良好局面，形成新的“荣誉共同体”“命运共同体”。

（**地大新闻网讯　通讯员** 丁苗苗　**摄影** 姜力维）

福建校友会就校友会数字化管理开展研讨

2021年9月11日，福建校友会举行数字化管理研讨交流活动。活动由福建校友会会长卢禄华主持，机械与电子信息学院党委书记瞿祥华、校友与社会合作处副处长胡肖受邀参会，福建校友会秘书长余新星等理事会成员参与交流。

活动邀请中国科学院旗下千云社团数字化管理系统的专家为大家介绍了社团数字化管理的相关事宜，与会人员就校友会数字化平台建设、活动开展、数据信息收集、校友服务等工作展开热烈讨论，提出了可行性建议和意见。

▲ 座谈会现场

卢禄华会长表示，为了更高效有序地联系和服务在闽校友，福建校友会准备着手推动分会的数字化管理，为校友联络、校友活动开展、校友企业交流、校友事业发展搭建好平台，期待通过平台建设更好地为校友及福建校友会建设做好服务工作。

中国地质大学川渝校友会第十八届校友联谊会暨“碳中和战略下地矿油行业的挑战和发展机遇”高峰论坛成功举行

2021年10月23日，中国地质大学川渝校友会第十八届校友联谊会暨“碳中和战略下地矿油行业的挑战和发展机遇”高峰论坛在重庆举行，重庆大学校友总会副秘书长郭宏、大学客联盟秘书长刘瑛出席，中国海洋大学重庆校友会秘书长胡俊莉出席并致贺词，中国地质大学川渝校友会会长邵家斌出席，大会由中国地质大学川渝校友会秘书长彭渭主持，约60余名校友参会。

上午，在《勘探队员之歌》熟悉的旋律中，联谊会拉开序幕。首先，中国地质大学川渝校友会第十七届理事会宣读《工作报告》《足球队与篮球队工作汇报》《财务报告》《监事工作报告》《理事增选名额提案》。大家对校友会工作表示认可，希望

▲ 全体合影

以后越做越好。随后，开展“七十地大、百年校友”圆桌论坛，热烈欢迎新入会校友，各遴选代表依次发言，为校友会发展献计出力。

下午，“碳中和战略下地矿油行业的挑战和发展机遇”主题论坛开幕，重庆市南岸区科技局晏凤华出席论坛并讲话，中国地质大学（武汉）蒋恕、中国石油大学张士诚、重庆市科学技术研究院雷晓玲、重庆市环境保护产业协会张勇作大会主题报告，重庆市地质矿产研究院张烨主持论坛并作主题报告。

（图文由川渝校友会提供）

中国地质大学浙江校友会绍兴校友分会成立

2021年10月30日，中国地质大学浙江校友会绍兴分会成立大会在浙江绍兴召开。绍兴市自然资源规划局副局长严关木、绍兴文理学院党委副书记沈赤、中国地质大学校友会副秘书长胡肖、中国地质大学各地方校友会代表、各高校在绍校友会代表、在绍校友及家属等60余人参加成立大会。会议由环境学院环境工程专业2014届校友陈秋菊主持。

石油工程专业2008届校友、浙江校友会绍兴校友分会筹备组副组长朱建峰作筹备报告。

地质学专业2007届校友、浙江校友会秘书长马明宣读《对中国地质大学浙江校友会绍兴分会申请成立的批复》。

矿床统计预测专业1988届校友、浙江校友会会长丁晓冬向绍兴校友分会授旗并致辞。他感谢筹备组成员对分会成立的真挚付出，期待绍兴校友分会搭建好地大校友工作、生活交流的共享平台，并预祝绍兴校友分会的队伍不断壮大，作用更加突出。

水文地质与工程地质专业1981届校友、绍兴校友分会会长伍法权致辞。他欣喜地表示，期盼已久的中国地质大学绍兴校友分会终于正式成立了，这标志着绍兴校友的局域网终于与母校校友网络无缝对接。这一增进感情、多元合作、共同发展的开放平台，将为支撑母校建设、支撑国家建设而不懈努力。

▲ 授旗仪式

中国地质大学广西校友会会长陈海代表兄弟校友分会对绍兴校友分会的成立表示祝贺。

在绍高校校友会代表，浙江大学绍兴校友分会会长宣传中、武汉大学绍兴校友会会长潘巨忠致辞。

绍兴文理学院党委副书记沈赤对中国地质大学绍兴校友分会的成立表示祝贺。他说，有众多中国地质大学的校友到绍兴文理学院就业，为绍兴文理学院的建设与发展贡献了地大力量，期待两校能有更多的合作和交流。

中国地质大学校友会副秘书长胡肖致辞。她表示，浙江校友会绍兴分会的成

▲ 中国地质大学浙江校友会绍兴分会成立大会合影

立标志着绍兴的地大人有了与母校更紧密的联络平台、有了更坚实温暖的心灵港湾。她说，期待绍兴校友分会紧密联络母校和绍兴校友，充分发挥平台力量，凝聚共识、厚植地大情怀，成为增进感情的黏合剂、合作发展的新引擎，与母校携手同心，实现中国梦、地大梦。她还邀请绍兴校友在2022年学校70周年校庆之际组团回校，亲身感受母校的发展变化。

（**地大新闻网讯　通讯员** 旷杰媛）

中国地质大学云南校友会第三次会员代表大会举行

2021年12月10日，地大云南校友会第三次会员代表大会在昆明举行。副校长刘杰，校友与社会合作处处长陈华荣，相关管理与服务部门负责人，贵州、福建、内蒙古、绍兴等校友分会代表，以及来自云南省的约50名校友参加会议。大会由1988届水文地质与工程地质系校友汪才芳主持。

云南校友会第二届理事会秘书长、1984届水文系校友徐世光介绍第二届理事会概况。

2010届地质工程硕士、中国能源建设集团云南省电力设计院高级工程师柯洪校友介绍第三届理事会换届工作情况。筹备组先后召开6次筹备会议，周密准备章程起草、推荐理事会成员、会议筹备等工作。

陈华荣宣读了《关于中国地质大学云南校友会换届的批复》。

会议审议并通过了《中国地质大学云南校友会章程》，选举产生中国地质大学云南校友会第三届理事会。1984届地质系校友费宣担任会长，2001届校友贾高鹏担任常务副会长，1985届校友周云满等5位校友担任副会长，1988届校友汪才芳担任秘书长，2016届校友江碧波担任常务副秘书长，2011届王明果等5位校友担任副秘书长。

▲ 陈华荣讲话

刘杰为云南校友会授旗,为校友之家授牌。

云南校友会第三届理事会江碧波、李浩熹校友宣读兄弟校友会贺信。

▲ 刘杰(右)为云南校友会授会旗

内蒙古校友会会长王利田校友代表兄弟校友会致贺词,希望各校友分会加强交流互动。

四川大学云南校友会代表江海南致辞。他代表50余所省外高校云南校友会宣读集体贺信。

著名登山家、户外探险家金飞豹致辞,向云南校友会第三届理事会表示了祝贺。

▲ 费宣讲话

云南校友会新任会长费宣致辞。他代表第三届理事会感谢第一、第二届理事会的辛勤付出,表示将带领第三届理事会引领云南校友会建设迈上新台阶。

刘杰向大会的顺利召开表示热烈祝贺,感谢疫情期间云南校友会对学校的物资支持,并期望校友与学校继续同向发力,建成紧密的"命运共同体";期望校友分会坚持以服务校友为宗旨,不断加强校友分会的自身建设。他祝愿云南校友会在第三届理事会的带领下凝聚共识、厚植地大情怀,成为增进感情的黏合剂、合作发展的新引擎。

与会校友集体合唱《勘探队员之歌》并合影留念。

▲ 中国地质大学云南校友会第三次会员代表大会合影

(地大新闻网讯 通讯员 于小清)

五地校友齐聚大湾区　共祝母校70年华诞

第七届"珠三角杯"足球赛暨地大深圳足球队年会

2021年12月11日11时45分，一场关于追忆青春、珍惜眼前和展望未来的盛会在深圳福田滨海生态体育公园足球场拉开帷幕。来自上海、浙江、广州、珠海和深圳的地大学子们齐聚一堂，追忆青葱岁月里绿茵场上的足球梦，珍惜漫漫时光中无声陪伴的校友情，展望建党百年时风雨兼程中的地大魂。

▲ 大合影

足球不语，你我无需多言

同场竞技的对手里，有年过花甲仍老当益壮的"活化石"，也有刚出校园青春洋溢的"小鲜肉"，我们因足球而结缘、因母校而相守，我们有一个共同的名字：地大人。同场竞技的对手里，有跨越千里奔赴而来的长三角联队（由来自上海和浙江的校友组成的足球队），有漂洋过海、隔岸相望的珠海队，有昼出夜归、不辞辛苦的广州队，更有坐镇主场、热情好客的深圳队。

我们在深圳队全体列队迎接远道而来的客人的欢迎仪式中，拉开了开幕式的序幕。

经过4个小时6场比赛的激烈角逐，最终深圳队以2胜1平的成绩斩获冠军，长三角联队以1胜1平1负的成绩获得亚军，广州队获得季军。

长三角联队段佩祥获得赛事"最有价值球员"称号，深圳队古鑫辉获得"最佳射手”称号，广州队李耀鸿获得“最佳门将”称号。“地大校友，天长地久”这一响彻球场的口号声和照相机快门的咔嚓声定格了这个瞬间，此起彼伏的“祝母校70华诞生日快乐”祝福声为本次“珠三角杯”足球赛画上了一个圆满的句号。

▲ 浙江校友会会长丁晓冬（左）为冠军队颁发奖杯

院系校友工作

GPT公司总经理袁钢辉为“油气开发地质学”录制慕课见面课

2021年4月16日上午，“油气开发地质学”慕课见面课在东教楼A座401如期举行。资源学院1998级优秀校友、兼职企业导师，北京金阳普泰石油技术股份有限公司（简称“GPT公司”）总经理袁钢辉作为嘉宾参加。10多名石油工程专业本科生参与课程录制。“油气开发地质学”慕课负责人邹双梅副教授主持会议。

袁钢辉以“GPTStim——石油工程师提高产能的利器”为题，精心讲解了GPT-Stim油水井措施智能分析与软件优化。他详细讲解并实操了数据格式标准化、潜力分析自动化、方案设计流程化、方案审核网络化和效果评价实时化五大功能模块。

▲ 集体合影

在互动环节，他针对同学们提出的国家开发新能源对石油行业的影响、国际原油价格涨跌的主要影响因素以及现阶段我国页岩油气开发技术的难点等问题发表了自己独到的见解。

本次见面课是“油气开发地质学”慕课课程“行业专家讲软件应用”模块中的一讲。本次活动是GPT公司继2012年向中国地质大学（武汉）捐赠价值700万元石油软件，2019年与资源学院联合共建产学研基地后的再次履约，旨在为本科生上课，为MOOC及线上课程助力。

胡定成先生受聘中国地质大学（武汉）客座教授并做客工程文化论坛

2021年5月21日下午，学校校友、AECOM资深董事胡定成先生受聘中国地质大学（武汉）客座教授仪式在工程楼315会议室举行。工程学院党委书记李红丽、党委副书记江广长、副院长窦斌、勘基系党支部书记段隆臣、勘基系主任卢春华、学院人事秘书杨冠青、科研秘书黄静出席受聘仪式。江广长副书记主持受聘仪式。

李红丽书记对胡定成先生接受母校客座教授邀请表示感谢，对胡定成先生长期以来关注母校和学院发展，愿意向师生们无私分享宝贵的国际工程项目管理经验表示赞许，希望胡定成先生受聘为客座教授后，持续关注学校学科建设、科学研究及人才培养，与学校加强学术交流和项目合作，积极为学校发展建言献策。

胡定成先生回顾了在母校的求学经历和工作后的成长历程，感谢母校对他的培养和信任，表示将积极履行客座教授职责，努力为学校和学院科学研究、专业建设和教育教学贡献力量。

▲ 李红丽书记致欢迎词

窦斌副院长介绍了工程学院的基本情况和研究优势，卢春华主任介绍了勘基系师资概况和学科发展情况，参会人员进行了自由交流。仪式最后，李红丽书记为胡定成先生颁发客

▲ 李红丽书记（右）为胡定成先生（左）颁发聘书

▲ 与会人员合影留念

座教授聘书，大家合影留念。

随后，胡定成先生移步工程楼418报告厅，做客工程文化论坛，为母校师生作了题为“国际工程合同及谈判：原理与案例”的学术报告。段隆臣教授主持报告会，学院百余名师生参与了此次论坛活动。

胡定成先生以自身20多年在基础设施建设、城市发展、国际工程咨询等领域的咨询及管理服务经历为引，结合经典国际项目案例，从国际工程合同概论、国际工程合同风险及防控、商业谈判精要3个方面展开了关于国际工程合同与谈判的概念介绍与经验分享。

胡定成先生详尽地阐述了国际工程项目工作的关键信息与经验，介绍了国际工程项目涉及的法系、法律基础、国际公约、国际惯例、国际仲裁机构，以及工程建设项目的实施模式、国际工程投资项目的框架等。在对国际工程合同的内容、性质和范本进行解释时，他结合欧洲某高速公路项目海外工程案例阐述了合同风险及经验教训，强调了谨慎对待国际工程合同的重要性。接着，胡定成先生讲述了谈判的定义和目的，商业谈判内容，工程合同谈判，谈判的基本模型、核心概念和本质意义，现场交流气氛活跃热烈。

▲ 胡定成先生分享国际工程项目经验

胡定成先生鼓励大家训练谈判思维，着重强调了创造思维、全局思维、差异思维和更高的“升维”思维以及对应的4个境界，并提出行动倡议：①学好工程的同时，学一些经济管理方面的知识；②崇尚契约精神，加强合同意识；③运用双赢思维，实现自我，成就他人。

最后，段隆臣教授对报告会进行了总结发言。他感谢胡定成先生为母校师生带来的一场精彩的高水平报告。在座师生纷纷表示受益匪浅。报告会持续了两个半小时，现场讨论气氛浓烈，会后交流热情不减。

▲ 段隆臣教授总结发言

人物介绍：

胡定成先生1988年毕业于中国地质大学（武汉）探矿工程系，获工学学士学位；2005年毕业于加拿大麦吉尔大学（McGill University），获工商管理硕士学位。现任全球规模最大的国际工程咨询公司之一AECOM资深董事，为英国特许建造学会会员（MCIOB）、英国特许建造学会（CIOB）特许建造经理、英国皇家特许测量师学会会员（MRICS）、英国特许测量师学会（RICS）中国区考官、美国项目管理学会认证项目经理（PMP），与他人合著《国际工程风险管控》。

胡定成先生在基础设施建设、城市发展、国际工程等领域拥有超过25年的专业经验，长期服务于中国建筑类央企和大型国际工程咨询公司。他曾作为项目经理或项目总监为多个特大型建设项目成功提供工程咨询或建设项目管理服务。参与实施的重点项目包括郑西铁路客运专线、沪昆铁路客运专线、通力电梯制造工业园、腾讯大铲湾未来科技城、北京城市副中心总和交通枢纽等。服务的客户包括世界银行、亚洲开发银行、德国复兴信贷银行、清华大学、国铁集团、中国中铁、中国铁建、中国交建、中国电建、中国三峡集团、中国华能、中国华电、国家电投、宜家家居、通力电梯、腾讯、南方电网等。

（**地大新闻网讯 通讯员** 黄静 孙武成 **摄影** 王灿 孙武成）

川藏铁路副总设计师黄勇做客工程文化论坛

2021年6月4日下午，学校校友、川藏铁路副总设计师、高级工程师黄勇应邀做客2021年第10期工程文化论坛，通过线上腾讯会议为学院师生做学术报告。学院组织师生在工程楼418学术报告厅集中收看报告。工程学院副院长王亮清教授主持报告会，罗学东副院长、蔡记华教授、李长冬教授、张伟丽副教授、程毅副教授等100余名师生通过线上参会和线下观看的方式听取了此次报告。

▲ 王亮清副院长主持报告会

川藏铁路位于印度板块与欧亚板块挤压造山带，跨七江穿八山，线路八起八伏，是世界上地形地貌最复杂、构造活动最强烈的地区之一，工程地质条件极其复杂，被誉为世界上技术难度最大的“巨型过山车”，也是迄今为止人类历史上最具挑战性的铁路建设工程。黄勇副总设计师以“川藏铁路工程建设的挑战与技术创新”为题，从规划建设历程与意义、工程概况、青藏高原形成演化、主要挑战和困难、主要工程地质问题、工程设计主要难题、技术创新与应用7个方面进行了介绍。川藏铁路面临显著的地形高差、强烈的板块活动、薄弱的基础设施、频发的地质灾害、敏感的生态环境、恶劣的气候条件六大挑战，项目组针对上述问题加大科研攻关力度，重点在“空、天、地”一体化综合勘察技术、长大深埋隧道和大型桥梁设计、应急救援、生态环保、新型轨道、GIS（地理信息系统）+BIM（建筑信息模型）、工程信息化等方面进行了创新。

王亮清副院长对报告会进行总结发言。他感谢黄勇副总设计师为母校师生带来了一场图文并茂、资料翔实，长达3个小时的高水平报告。本场报告不仅是学术报告讲座，更是专业思政课。黄勇副总设计师鼓励同学们要认真学习党史、校史、专业史和重大工程史，并寄语同学们“课程思政，锤炼品德；国之重器，开拓视野；学科融合，勇于创新；实学实干，追求卓越”。

▲ 黄勇副总设计师作报告

人物简介：

黄勇，高级工程师，川藏铁路副总设计

师，中铁第一勘察设计院集团有限公司地质路基设计院副总工程师，注册土木工程师（岩土），国家铁路局（科技标准规划）专家，中国铁建川藏铁路、西昆高铁专家组成员。先后主持川藏铁路、银西高铁、成都地铁、西安地铁等国家重大项目的勘察设计和科技攻关工作，主持和参与国家级及省部级科研课题7项；获省部级科技进步一等奖2项、二等奖1项，国家级及省部级勘察设计奖14项，荣获"火车头奖章""陕西省优秀青年岗位能手""中国铁建青年岗位能手""铁一院优秀青年工程师"等称号。

（地大新闻网讯 通讯员 黄静）

MPA[①]专业2019级校友向公共管理学院和MPA教育中心赠送纪念牌匾

2021年6月19日上午9时，2019级MPA毕业研究生向公共管理学院和MPA教育中心赠送牌匾活动在学院会议室B209举行。学院党委书记张吉军教授、工会主席曾伟教授、分管MPA工作的副院长王忠副教授和2019级MPA研究生代表出席，MPA教育中心秘书蒲明强老师主持活动。

▲ 学院领导讲话

▲ 2019级MPA毕业生发言

张吉军书记、曾伟主席和王忠副院长分别代表学院和MPA教育中心发表讲话。张吉军书记介绍了公共管理学院的发展历程和学科建设，对MPA毕业生们能够克服求学过程中的各种困难，顺利完成学位论文答辩并取得硕士学位表示祝贺。张书记寄语大家在今后的工作和学习中牢记"艰苦朴素、求真务实"的校训，努力奋斗，用更大、更好的工作业绩回报母校。曾伟主席回忆了给同学们上"开学第一课"时的情景，对同学们能够提前毕业给予了充分肯定，勉励毕业生们在今后的生活和工作中，继续保持求知欲，丰富

①MPA一般指公共管理硕士。即Master of Public Adaministration，简称MPA。

自己的知识,开阔自己的视野,增长自己的才干。最后,王忠副院长做了总结性发言,向同学们取得的成绩表示祝贺,表达了对毕业生即将离校的不舍之情,并希望毕业生们多回母校、学院和MPA教育中心,继续关心、支持学院及MPA教育中心的各项工作。

▲ 郑思元同学向学院领导赠送牌匾

2019级MPA毕业研究生洪胜男同学发言。她代表2019级MPA研究生感谢学院、MPA教育中心和各位老师对同学们的教导和培养,尤其感谢MPA教育中心组织同学们参加了丰富多彩的文体活动、讲座、社会实践等。MPA毕业生们一定会牢记校训和公共管理学院、MPA教育中心领导以及老师们的嘱托,砥砺奋进、努力工作,不负青春韶华,以更好的工作成绩来报答母校。同时,也希望2019级MPA研究生的友情“聚是一团火,散是满天星”,相互促进、共同进步。

▲ 范尧同学向MPA教育中心领导赠送牌匾

▲ 集体合影

随后,2019级MPA毕业研究生代表郑思元同学向学院领导赠送了“桃李芬芳、永创辉煌”的牌匾。

2019级MPA研究生代表范尧同学向MPA教育中心领导赠送了“饮水思源、帅恩千秋”的牌匾。

活动结束后,2019级MPA研究生代表和学院、中心领导合影留念。

李素矿一行看望慰问张国旗同志亲属

2019年9月17日,环境学院党委书记李素矿、校团委副书记吴迪、环境学院高旭波教授等一行前往山西晋城看望慰问优秀校友张国旗同志亲属。

▲ 集体合影

李素矿详细询问了张国旗的独子张云飞及其他亲属的工作、生活情况，特别感谢他们在疫情期间打电话问候关心在汉在校的老师和同学。他叮嘱张云飞要认真学习，努力工作，继承父亲的遗志，照顾好自己的母亲，服务祖国和家乡，用自己所学和才智把家乡建设得更美好。

李素矿向张国旗的独子张云飞及其他亲属简要介绍了环境学院建设发展的显著成效。他强调，学院自开展“张国旗班行动计划”以来，先后设立了张国旗班党支部、张国旗班团支部、“张国旗”班社会实践团，持续开展内容厚重、形式丰富的活动，纪念张国旗，学习张国旗，争做张国旗，已经形成了学先进、超先进、当先进的生动局面。如今，张国旗班已经成为大学生思政教育的一面旗帜，时刻激励着新时代环境学子永葆赤子情怀、争做时代先锋。

据悉，近年环境学院党委创新实施“张国旗班行动计划”，将张国旗同志先进事迹作为当代青年大学生学习教育的必修课。张国旗同志是学校1985级水文地质专业毕业生，毕业后毅然放弃省城优厚的生活条件，回归故里报效家乡，成为晋城市陵川县水务局一名专业精湛的水利科技工作者。2001年5月15日，张国旗去西石门村检测新砌成的77m水井，在进行提引水的技术测设作业时，不幸被滚石砸中头部以身殉职，年仅33岁。2006年，以张国旗为原型的故事片《红山雨》在全国上映；2007年，学校在校园内建立了张国旗塑像；2017年，学校实施“张国旗班行动计划”，教育了一代代的“环境人”“地大人”。

（**地大新闻网讯　通讯员** 高旭波　**文字** 严丽莎）

学校举行地理与信息工程学院056061班和056071班校友返校活动

2021年10月2日,地理与信息工程学院056061班和056071班校友返校活动成功举办,共计30余名校友从祖国四面八方齐聚母校,追忆青春岁月,共叙师生情谊。校友们分别在南望山校区和未来城校区参加活动。10月2日下午,校友返校座谈会在未来城校区地信楼举行,原信息工程学院党委书记(现为材料与化学学院党委书记)黄菊,原测绘系主任(现为海洋学院副院长)陈刚,学院副院长刘修国、潘雄,学院党委副书记武彦斌,教师代表田玉刚、徐景田以及学工办老师参加了座谈会。座谈会由学院党委副书记武彦斌主持。

会前校友们参观了未来城校区学院办公楼。会上黄菊、陈刚、刘修国等老师对各位校友的到来表示热烈欢迎。武彦斌向校友们介绍学院近些年发展概况并表示学院的进步和发展离不开校友们的不懈努力,也希望校友们能够和学院保持密切联系,继续关注和支持学院的发展。各位校友轮流介绍目前的工作和生活状态,共叙成长与变化;与会专业教师分享愉快的教学回忆,加之校友们积极讨论,座谈会的氛围热烈活跃。座谈会最后,056061班刘岩和056071卢祥两位校友共同发起设立测绘校友创新创业发展基金的倡议。

▲ 活动现场(一)

▲ 活动现场(二)

▲ 集体合影

1990级校友吕梁表、杨冠兰来计算机学院访问

2021年12月30日，计算机学院1990级优秀校友、学校上海校友会秘书长吕梁表及北京申万宏源集团杨冠兰来院访问，参观学院新大楼，与院领导和教师座谈。计算机学院党委书记李国昌，副书记傅苑，副院长刘刚、张冬梅以及校友昔日领导和恩师、已经退休的刘亚东老师、朱莉老师参加本次活动。本次活动由李国昌主持。

座谈会上，李国昌书记代表学院向校友们赠送了纪念品。

▲ 座谈会现场

▲ 李国昌(中间)向校友们赠送纪念品

随后副院长张冬梅全面回顾了学院的办学历程，并重点报告了学院近年来的发展情况。校友们聚精会神地“听讲”，在听到学院的各项办学成就时，频频点头，不断提笔做“笔记”。

▲ 张冬梅讲话

▲ 优秀校友吕梁表

▲ 优秀校友杨冠兰

▲ 退休教师、原学院党委书记刘亚东

▲ 退休教师、校教学名师朱莉

吕梁表与杨冠兰两位校友先后发言，纷纷表达了对母校、对老师的感恩之情和对同窗友谊的怀念之情，并为母院突飞猛进的发展和取得的成就感到自豪。吕梁表表示，在工作后，他更加深刻地感受到老师们教的东西很有用，培养出来的计算机思维更利于学生发现问题、分析问题、解决问题，同时担任学院学生会主席的经历也进一步锻炼了自己的各项能力，在他的事业发展中这些都成为了重要助力。

刘亚东、朱莉老师与校友们一起回顾了在大学期间的点滴趣事，现场其乐融融，满是温馨的回忆。两位老师说毕业后师生间还一直保持着联系，时常还能收到学生的祝福和礼物。对于现在学生取得的成就，两位老师言语之中满是骄傲之情。

最后，李国昌书记发言。他对校友毕业后所取得的事业上的成功表示赞赏，希望校友们继续关注学院的发展，为学院的建设给予更多的支持，提出更好的建议。同时，他盛情邀请校友们在明年学校70周年校庆时回母院给师生们做一次讲座，把计科精神继续传承下去！

会后，大家在学院新大楼前合影留念。

（**地大新闻网讯 通讯员** *石剑峰*）

▲ 集体合影

第三章 巍巍学府人才出

——/张　研/——
用40年青春书写女地质工作者的家国情怀

即使86岁高龄，校友张研依然思维敏捷、言语清晰。在她心中，能为自己钟爱一生、研究一生的近千块腕足类化石标本找到一个稳妥的家，就是最欣慰的事。

2021年3月15日，张研的这一愿望终于实现了。母校中国地质大学（武汉）博物馆馆长刘先国、校友工作与教育基金管理处处长徐岩带领同事，千里迢迢赶往古城西安，郑重地从张研家中接走这批腕足类化石标本，并承诺：尽快梳理、整理这批化石标本，使它们发挥最大的教学、科研和科普价值，以慰老人平生所愿。

▲ 校友张研

1957年从北京地质勘探学院煤田地质及勘探专业毕业以来，张研扎根西北地质事业近40载，无论是在秦岭高山地区，还是在沙漠戈壁滩，她都留下了工作的足迹，奉献了青春年华。无论环境条件多么恶劣、生活多么艰苦，她都以苦为乐，无怨无悔，书写了一代女地质工作者的家国情怀和科学精神。

一场校友报告，将青春献给地质事业

1935年9月，张研在山东黄县出生。“七七事变”后，张研跟随父母来到青岛。1950年秋，她作为第一批女学生考入青岛市省立一中。

1953年，临近高中毕业时，已在长春地质学院就读大三的校友张贻侠（曾任长春地院院长）到母校作报告。在他的事迹影响下，张研报考了地质专业，并以第一志愿被刚成立一年的北京地质勘探学院录取。

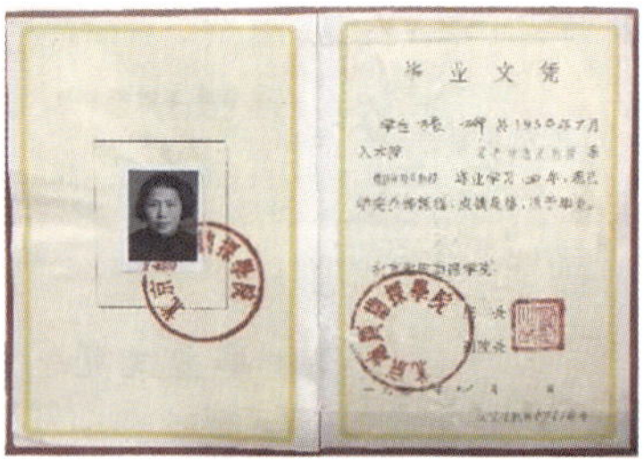

▲ 张研的大学毕业证

就这样，带着好奇、期待的心情，张研来到北京，开始了充满激情和梦想的大学生活，也开启了献身祖国地质事业的光辉历程。

▲ 张研（前排左一）的大学毕业照

到祖国最需要的地方去

1956年夏天，正值大三毕业实习期，张研和4位同学主动要求到祖国最艰苦的地方去，最后被学校安排到青海木里煤矿实习。他们从青海的天峻县出发，骑马走了5天，这是她第一次学骑马。这个矿区海拔3000m，规模巨大，当时因交通不便未被开采，矿区气候变化无常，冰雹、大雪、大风随时来袭。就这样，他们仍在矿区坚持了两个月，也正是这段经历，让她学会了坚强，得到了锻炼。

1957年春天，响应祖国号召，张研提前毕业并被分配到位于甘肃酒泉的祁连山地质队，边实习边工作。原定当年9月再返校取行李，统一再分配工作，不料从北京发来一个加急电报，电报中表明西北地质事业需要年轻人去开拓，通知几名同学原地分配工作不再返校。从此，张研就留在了大西北，至今60余年。张研回忆当时的情形："两名家在北京的女同学，因为不能回去，哭了好几天。"但张研毫不在乎西北恶劣的自然环境，在位于戈壁滩的北山煤窑煤矿一直工作到1957年冬天，才收队回到酒泉。在戈壁滩，她们第一次骑上了骆驼，白天下矿井小煤窑工作，晚上回来已是满脸的黑煤灰。她开始体会到工作的艰辛和困难。

▲ 张研骑着骆驼出野外工作

古生物培训班，开启腕足类化石研究之旅

1958年初，张研奉命调入兰州区测队，参加区测二分队1:20万区测调查（甘肃永登幅）填图工作，全队仅有她一个女同志出野外工作。

作区域地质调查,当时基本靠双脚来跑。张研回忆当时野外工作时说到:“每天要跑近100里路,两三天搬一次家,住帐篷,睡行军床,脚打起泡也不敢讲,来例假照样跑。每晚12时后才睡,每天只睡4~5个小时,早上天一亮就起床,中午带馍、咸菜,渴了在河沟里喝点凉水,晚上点蜡烛或煤油灯填图,有时在山沟里饿着肚皮蹲一夜等天亮再返回。”

有一次,张研和一名刚从西安地质学校毕业的学生小白跑一条线路,从黄河边往回返家时,发现天黑了,回去的上坡路全是光滑的花岗岩,一不小心就会掉到河沟里。他们只好商量蹲在山头上,等天亮再返回。虽然穿得很少,又冷又饿,但张研还是像大姐姐一样安慰17岁的同事。看着天上的星星,周围一片漆黑,她不敢说害怕,冷了就站起来原地跑跑。半夜了,张研听见远处有人喊叫,还打着灯笼边喊边走,便猜可能是单位的同事出来找他们了。因为路太远太滑,张研就让他们先回去,喊得嗓子都哑了。一直到天亮,才有两名工人拿着干粮和衣服找到他们。当时张研的眼泪就落下来了,心里说不出是什么滋味。

经过一年的野外锻炼,张研更坚强了,她常常默默地鼓励自己:男同志能干的,我也能干!

1958年底,兰州地质局科研所总工程师宋淑和推荐张研到西北大学参加一个为期3个月的培训班,学习古生物。正是这次培训,为张研后半生从事古生物研究打下了基础,激发了她对腕足类古生物研究的兴趣。

1959年秋,张研来到南京古生物研究所,拜地层古生物学家王钰为师,开始了为期一年的进修学习,主攻腕足类古生物。学习期间,她到甘南地质队,在当多沟、下吾那沟等地实测中泥盆世地层剖面、采集标本。

当时工作条件十分艰苦,张研回忆说,1960年在当多沟工作的日子,可以说是她这一辈子最艰苦的日子。每天早饭是青稞糊糊,中午吃青稞馍,没有菜,连咸菜都没有;每天要爬海拔3000m以上的山,还要背许多石头,饿得实在受不了,就吃地里的萝卜,渴了就喝沟里的水;经常遇到突发大雨、冰雹,在山上没处躲,全身被淋湿,3个月没有洗澡,身上长了虱子,回到兰州途中,在拉木寺才把衣服脱掉并处理。当年8月—9月,张研在甘肃武威协助同事采集笔石标本时,因为喝了山上低洼处的雨水,傍晚突然肚子痛,一个人连夜乘汽车转火车赶回兰州就医,确诊为急性痢疾,差点要了命。但一个星期后,还未痊愈的张研又回到武威继续工作。

在南京古生物研究所进修期间，张研陆陆续续在甘南、安徽等地采集了大量腕足类化石标本，并与金玉玕合作完成了人生第一篇论文《安徽泾县晚二叠世腕足类化石》，发表在1961年的《古生物学报》上。

初心如磐，填补古生物研究空白

1962年10月，张研和毕业于长春地质学院的爱人张治洮一起，调到刚成立的西安地质矿产研究所（简称“西安地矿所”）工作。此后，张研在这里继续地层及腕足类化石研究，一直工作到退休。

张研在西安地矿所工作初期，即1962—1972年，正逢“文化大革命”，又遇上爱人被派到北京地质力学研究所学习与工作近8年，她一个人一边工作、出野外，一边照顾两个年幼的孩子。1970年，在她被分配到单位食堂参加劳动一年时，为了不影响工作，她不得不经常把孩子放在亲戚家或托儿所全托，并坚持到野外工作，先后到秦岭、陕西旬阳、陕西镇安、陕西西口、青海湖东、甘肃文县等地开展野外工作，采集化石。1976年、1981年，她分别两次前往当多沟工作，先后爬上3座4200m以上的高山，采集到许多有研究价值的标本。

“文化大革命”结束后，张研更是全身心地投入工作中，1977年、1978年，她与宁夏地质局地层组郑召昌等同志合作，到内蒙古西部巴丹吉林沙漠从事古生代地层研究，填补了这个区域古生物研究的空白；1983年到南京古生物研究所工作，与戎嘉余同志合作完成了西秦岭迭部一带下泥盆统和古生物的研究；1985年参与四川龙门山地区泥盆纪地层野外研究工作的验收；1992年与天津华北地质勘查局地质研究所夏国英等同志到陕西镇安西口一带从事早二叠世化石的研究。

张研从事地层及腕足类化石研究近40年，无论遇到多大困难、多么艰苦，对事业的追求和热爱始终如一。她说：“地质工作虽然很苦很累，但我们发现的很多化石都是首次发现的，带给我们很多乐趣。”

常年的野外工作，对张研的身体造成了伤害。她经常蹲着采化石，一蹲就是一整天，有时实在累得受不了了，就直接坐在滚烫的沙地上休息缓解。

1976年，由于劳累过度，引起腰椎间盘突出，她当时连鞋带都系不上。1982年，当张研正忙于校对《陕甘宁化石图册》的稿子时，突然右眼看东西模糊，但她没有在意，并把医生开的病假条放在一边，还打算去甘南跑野外。研究所领导千方百计

▲ 张研在四川龙门山进行野外考察(1985年)

▲ 张研回母校学习(1985年11月)

把她留在西安治疗,但因为耽误了最佳治疗时间,右眼形成血栓,造成永久失明。

即使右眼失明、腰痛腿痛,张研仍然克服种种困难,加班加点地工作,直到退休前因股骨头更换,她不得不放弃工作。她说:“有一种事业心、一种无形的力量在鼓励我、支持我,那是对专业始终如一的热爱。”

▲ 工作中的张研

虽然一生坎坷艰难,尝尽酸甜苦辣,但张研的事业也取得了丰硕成果:她先后发表20余篇论文,其中两篇与戎嘉余合作的论文在国外期刊发表;参与了多项课题报告的编写,其中《西北地区古生物图册:陕甘宁分册(二)》于1983年出版,获1978年全国科学大会成果奖;《西秦岭碌曲、迭部地区晚志留世与泥盆纪地层古生物》于1987年出版,获得地质部1989年科技二等奖;《中国石炭—二叠系界线层型研究》于1996年出版;参与戎嘉余主编的*Phanerozoic Brachiopod Gebcra China*的编写工作,英文版于2017年出版等。很遗憾,因身体和其他方面原因,她的两部手稿《秦岭迭部、旬阳地区中泥盆世腕足类》及与金玉玕合作编写的《内蒙巴丹吉林沙漠北部杭乌拉地区早二叠世腕足动物群》至今未能出版。

回顾往事,张研仍有许多遗憾,尤其是对家人的亏欠。为多跑几条野外路线,她不得不多次将两个年幼的孩子独自留在家里,而她忍受着风餐露宿、寂寞孤独,只为发现一个又一个腕足类化石。她说："大学时代学的《勘探队员之歌》一直激励着我，我没有辜负母校对我的期望，一直勤勤恳恳、全身心投入工作，为地质事业尽了应尽的责任。漫步在腕足动物世界，我得到了丰厚的精神回报。"

（**文字** 徐岩 徐燕 旷杰媛 许颂）

▲ 全国大学生年度人物、地学院2020级博士生王奉宇（左）在博物馆整理张研捐赠的标本

——/李忆祖/——
扎根边疆几十载 一心执着地质梦

"我不是老外，我是外裔中国人。我一直生活在中国，养父母都是中国人，怎么会是老外呢？"

他生于乱世，被遗留在了中国，一对中国夫妇将他收养。他发奋读书，以优异成绩考入中国地质大学，毕业后主动加入援疆队伍，一扎根就是60年时间。他把中国称为祖国。

▲ 李忆祖

祖国给了他生命，他便将整个生命都投入祖国的建设中来。他就是李忆祖。

他的人生，究竟有多精彩？

李忆祖说："我只知道自己1938年出生在天津，从没见过亲生父母，后来被养父母带回北京，在北京长大。"当年，李忆祖和亲生父母断了音信，一对中国夫妇收养了他，养父为他取了现在这个名字，将他与家里的几个孩子一同抚养，视如己出。

▲ 不到一岁的李忆祖被养母抱着在北京家中四合院留影（1938年）

他从小接受良好教育，后来在当时的北京二中读书。至今，李忆祖还记得二中的校训"为实现理想走进

来，为服务社会走出去”。他说：“校训对我影响很深，我后来也是遵循这句话工作、生活。”

1961 年，李忆祖从北京地质学院地质测量与找矿专业毕业，被分配到北京工作。

毕业后，他两次打报告，坚决要求到当时经济发展比较落后的新疆工作。养父过世得早，独自把他抚养长大的养母非常不愿意李忆祖离开身边，但一直教导儿子要“有自己的骨气”。老人家考虑到年轻人报效祖国的心愿，最终还是同意了。多年之后，李忆祖才知道，自己走后，母亲大病了一场。如今提起这段往事，他眼圈仍有些微红。初到新疆，李忆祖被分配到新疆煤管局 156 煤田地质队，主要从事煤矿矿点的调查工作。从阿尔泰山、天山到昆仑山、冈底斯山，20 多年，李忆祖跑遍了天山南北。他还曾与同事到海拔 5000 多米的西藏阿里地区开展煤矿普查工作。年复一年，新疆的煤矿资料逐渐拓印在了李忆祖的脑海里。他就如一张行走的新疆“活地图”。

▲ 李忆祖的工程师证书

▲ 李忆祖在新疆温泉县留影

“野外工作十分辛苦，化点雪水，几个石头支起锅，把馒头一煮热就吃，我们五六个人，一辆车，带两桶汽油，工作需要的话甚至还得带炸药，有时候真是玩命，也都过来了。”李忆祖回忆道。但对于当初的选择，李忆祖从没后悔。1964 年，李忆祖结婚了。妻子在山西工作，自己则在新疆工作。这种生活状态一直持续到 1972 年。本是苏州人的妻子选择调到乌鲁木齐，与李忆祖同在 156 煤田地质队工作。就这样，他们把家扎在了新疆，成为了真正的新疆人。20 世纪 80 年代初，因工作需要，李忆祖被调到煤田地质局 156 队子校（现在的乌鲁木齐市第四十一中学）任校长，后来又调到乌鲁木齐市教育局工作，直至 1998 年退休。

退休后的李忆祖也没有闲着，从事起了“关心下一代”的工作。截至2015年，他共讲课795场，37.5万人听过他的课。如今，李忆祖家中依然保存着当时的录音带和资料，包括后来收藏的其他书籍，都快把他那不算宽敞的家塞满了。对于自己的成绩，李忆祖笑言：“觉得应该做，就去做了，并没有想会引起轰动。”

▲ 李忆祖为学生授课

尽管如此，李忆祖却在自己的人生中不断书写着传奇和精彩。2011年，他不顾年事已高，参与纪录片《地理·中国》的摄制活动，带着摄制组爬雪山、过草地，走过布满碎石的悬崖小道，蹚过4000m深的冰川谷底，骑马一往无前地深入艰险之地。当纪录片播放出来时，李忆祖看着画面中的自己忍不住笑道：“这老家伙一定是疯了。”时至今日，年过八旬的李忆祖仍然活跃在教育一线。他在新疆坚守了整整60年。为祖国奉献了整个青春。“记得养母对我说，人要有点精神、有点骨气，既然要做件事情，就要尽力而为。我是共产党员啊！以前跑野外是为人民服务，那么苦都不觉得。讲课也是为人民服务，孩子是国家的。”

李忆祖用实际行动报答着养父母和国家的养育之恩，也将这份爱国热情传递给了他的每一个学生。雏既壮而能飞兮，乃衔食而反哺。李忆祖用一生反哺养育他的祖国，可谓一个大写的中国人！

（图文转自《人民日报》（记者李亚楠）、澎湃新闻（记者孙丹）、中国共产党新闻网（记者姚奕）、世界华人周刊（作者牧龙闲人）、共青团中央）

——/彭志忠/——
在科学的春天里绽放异彩的爱国科学家和地大矿物结晶学创派宗师

"'日出江花红胜火，春来江水绿如蓝。'这是革命的春天，这是人民的春天，这是科学的春天！让我们张开双臂，热情地拥抱这个春天吧！"

这是1978年全国科学大会上，中国科学院院长郭沫若以"科学的春天"为题作的书面发言。他饱含激情地称颂"科学的春天到来了"，道出了中国千千万万知识分子回归科研的喜悦和献身科学的豪情。

1978年3月18日—31日，春回大地、万物复苏的时节，全国科学大会在北京人民大会堂隆重举行。这是国家在百废待兴形势下召开的一次重要会议，是新中国成立以来第一次关于科学发展的会议，也是在我国科技发展史上一次具有里程碑意义的空前盛会。邓小平同志在会上号召要"树雄心，立大志，向科学技术现代化进军"。

▲ 彭志忠
（1932.9—1986.3）

5500多名来自全国各个领域的科技工作者出席了盛会，这批出席代表中，有一位意气风发刚过45岁的学者，他就是享誉世界的爱国科学家和地大矿物结晶学创派宗师彭志忠教授。

大会开幕式上，邓小平同志发表了振奋人心的讲话，他明确指出："四个现代化，关键是科学技术的现代化。"他强调："现代科学技术正在经历着一场伟大的革命。近30年来，现代科学技术不只是在个别的科学理论上、个别的生产技术上获得了发展，也不只是有了一般意义上的进步和改革，而是几乎各门科学技术领域都发生了深刻的变化，出现了新的飞跃，产生了并且正在继续产生一系列新兴科学技术。现代科学为生产技术的进步开辟道路，决定它的发展方向。"他还深情地向与会的科技工作者们表示："我愿意当大家的后勤部长。"

大会举行了隆重的颁奖仪式，表彰了新中国成立以来近30年全国各条战线涌现出来的7657项科研成果，表彰了826个先进集体和1192名先进科技工作者。武汉地质学院受到表彰的重大科技成果有28项，其中由学校独立完成的成果有6项，与兄弟单位合作完成的科研成果有22项。彭志忠被评为先进科技工作者，他领导的实验室荣获先进集体奖，他作为主要负责人研究的2项成果在学校独立完成的成果中占比达1/3。武汉地质学院被授予10份奖状，其中有4份是颁给彭志忠的，占比40%。学校获奖数量居于湖北省乃至全国高等院校前列。这是对武汉地质学院办学水平的充分肯定和鼓励鞭策，也是对彭志忠的莫大肯定和鼓舞。全国科教工作者的积极性、创造性被有效激发出来，只争朝夕、奋发图强，为早日实现科学技术现代化多做贡献的学术氛围很快浓厚起来。

在1978年全国科学大会上由武汉地质学院独立完成的获奖科研成果

项目名称	项目负责人
矿物晶体结构	彭志忠教授
我国发现一批新矿物	彭志忠教授
中国东部前寒武纪大地构造发展样式	马杏垣教授
工艺岩石研究	苏良赫教授
等时角法精密快速联测天文时间、经纬度和方位角	游永[illegible]教授
DDW-1型无参考线虚分量仪	许洪海教授

▲ 武汉地质学院独立完成的获奖科研成果

怀着“中国人在科学上要站起来”的梦想并学有所成的彭志忠，在20多年的钻研中，凭着一股子干劲儿和韧劲儿，攻克了一个又一个科研难关。深厚的积累和科研功底孕育出磅礴的生命力和创造力，彭志忠用无数时间和心血、梦想和执着结出的丰硕成果，被春风吹散了阴霾与蒙尘，绽放出绚丽的光彩。

宝剑锋从磨砺出，梅花香自苦寒来。在“文化大革命”中，科教领域是受冲击最大、遭破坏最严重的领域之一。许许多多科研工作陷于停滞，一大批科学家无法正常开展科研活动。彭志忠也不能幸免。尽管形势严峻，有着种种挫折和磨难，但他始终初心不改，深耕科学的沃野，在惊涛骇浪的冲击下和孤独的坚守中，不畏浮云遮望眼，荣辱负重自奋蹄，坚定不移地走在科技报国的大道上，展现了一位顶尖科学家对国家科学事业的忠诚与担当。

▲《人民日报》1978年4月1日第3版

春光不负赶路人。全国科学大会的召开，给彭志忠送来了人生再度绽放光彩的东风。他迎着这和煦的春风踏上科研新征程，继续以初心如磐的赤子状态，在无限的矿物结晶学领域里全力奋战、步履不停。

在科学的春天里，中国的科教事业开始展现出百花齐放、欣欣向荣的景象。“振兴中华，乃我辈之责”，此时的彭志忠激情满怀，擎旗奋进，和改革开放的中国一起赶超世界。他以目标笃定、迎难而上、百折不挠、心无旁骛、静谧自怡的科研精神，以淡泊名利、甘于奉献的高尚情操，以大无畏的勇气和不怕苦、不怕累、不服输的斗志，为中国晶体学攀登世界科学高峰挥写了可歌可泣的壮丽篇章，成就了“短短30年，超越上百年”的科学奇迹。彭志忠把爱国之情、报国之志融入刻苦钻研世界科学前沿和科技自立自强的事业，为中国地质大学树立了一座永葆初心、矢志报国的精神丰碑，这座精神丰碑成为鼓舞和激励一代代地大人攻坚克难、勇攀科学巅峰的强大动力。

地学报国定初心

1932年，彭志忠出生于湖北省天门县。此时的中国，正在被日本一步步侵略。饱受战火欺凌的祖国山河，在少年彭志忠的心中留下了深刻记忆，也成为他后来不畏艰辛、攻坚克难的强大动力。能为国家和民族做一点事，这是彭志忠的最大愿望。

世道的不平也让彭志忠的求学之路充满坎坷。在学校读到三年级时，日寇的铁蹄就踏碎了他家乡的宁静。他不得不背井离乡，跟随亲人去逃难。

彭志忠跟着家人逃难到湖南南县、沅江、永绥等地，在兵荒马乱中断断续续读完了小学，后考入永绥国立八中初中部。为了求学，他不得不离家过独立的生活。

在学校里，他年纪小，个子矮，吃饭抢不过别人，饿得面黄肌瘦。入学不久，他的被子和衣服又被偷了，晚上盖床破棉套，冻得直发抖。家里亲人来看他，见此情景不禁万分心疼，要把他带回家，可他怎么也不愿意退学。艰苦的生活、艰难的学习条件，使他养成了吃苦耐劳的良好品质，同时，也让他幼小的心灵萌生出“中华不受辱，只有国富强”的强烈愿望。

1949年，那在华夏土地上燃烧的战火终于熄灭。彭志忠拼尽全力背水一战，毅然报考清华大学地质系，以求成才报国，投身对国家建设至关重要的地质事业中。

在彭志忠到周口店、十三陵、开平、大同、宣化、张家口等地实习时，他被大自然丰富生动的地质现象迷住了。选择地质，最初是因为想要在关键领域有所成就、肩负起国家富强的重任。正式接触后，彭志忠爱上了它，大好河山的征途，闪耀着中华民族的荣光。

彭志忠开始对所学专业课程产生浓厚兴趣。在开平盆地实习时他找到了许多古生物化石，从此痴迷于古生物学，不觉得枯燥无味；听教授讲授结晶矿物学，奇妙的矿物标本所反映出的物理化学现象又吸引了他。他十分刻苦，悟性很高，爱动脑子，不仅很快掌握了实习课上老师教的鉴定方法，自己还摸索出别的方法测出同样的光学常数。

彭志忠与结晶矿物学的结缘得益于余瑞璜先生。余瑞璜先生是著名物理学家，被国际晶体学界誉为国际一流的晶体学家，曾在1942年创立了X射线晶体结构分析新综合法。大学期间，彭志忠就经常到物理系听余瑞璜教授讲课，在听了余瑞璜教授的一次报告后，他就对矿物晶体结构产生了兴趣。为此，他到图书馆查阅了有关矿物学的文献，看到上面选用的晶体结构模型全是外国人做出的，他想：书上哪怕有一个晶体结构模型是中国人做出的也好呀！

彭志忠痛惜我国结晶矿物学研究几乎空白的现状，这个曾经萌生强国梦的青年，第一次确立了他人生的方向，从此坚如磐石。

心之所向，根之所系。年轻的彭志忠从此自觉扛起让中国晶体学攀登世界科学高峰的担子，毅然行走在科技报国的道路上。

首创硕果惊世界

“既然我们在科学的盛宴中来迟了，那就只好去啃别人尚未啃动的硬骨头，去争得我们中国人的席位。”彭志忠曾这样说道。事实上，也是这个目标让他在科学的道路上愈战愈勇，誓要登上世界科学殿堂。

1956年，党中央号召科教人才向科学进军，彭志忠大胆地选择了国内从未研究过的“葡萄石的晶体结构分析”作为攻关课题。“葡萄石的晶体结构”也是当时国际尚未攻克的一个难题，被国外矿物学家称为“没有搞清楚的最后一个重要的硅酸盐结构”。他下决心要向着这个高峰攀登。

怀着强烈的探索愿望，彭志忠来到北京大学向唐有祺教授请教。

研究攻关开始了，他夜以继日、废寝忘食地工作。为了挑选一个合格的单晶，他专心致志整整干了30天，按照当时在国际地质学界占统治地位的布瑞格“经典理论”的岛状、链状、层状、架状的4种类型连续进行了4次设计，结果都失败了。半年苦战后，终于有了新的发现。他从X光照片上捕捉到一种奇异的现象：葡萄石有几个衍射点和一般的硅酸盐矿物不同。这些不同的衍射点让他仿佛看到了胜利女神在向他招手，诱使他继续苦战了两个通宵。终于，他有了新的发现，原来葡萄石结构的硅氧骨干与布瑞格经典体系完全不同，它是介于层状和架状之间的过渡类型。经过大量计算验证，他的设想得到了完全的证实。年仅24岁的彭志忠首次测定了世界上复杂的葡萄石晶体结构，攻下了这个世界难题。

▲ 彭志忠首次测定出复杂的葡萄石晶体结构（1957年）

▲ 彭志忠教授为学生讲解他发现的晶体结构现象

他的这一成果，打破了统治国际科学界20多年的硅酸盐晶体结构分类体系，震惊了国际结晶学界，被国际结晶学权威评为“不寻常”的成就。也是因为这一成果，在世界矿物晶体结构领域里，出现了中国人的名字，填补了我国空白，为我国在该领域争得了一席之地，坚定了我国地质学赶超世界先进水平的决心。

这一突出成果，让彭志忠蜚声中外。尽管赞扬和歌颂扑面而来，但是彭志忠没有沉浸在颂歌声中，而是不断盯着新的攻关目标。“为祖国争得荣誉”的愿望促使他接连不断地取得重要的科研成果。

1958年，他测定了我国发现的第一个新矿物香花石的晶体形态。1962年，完成了塔菲石的晶体结构分析。此后，又不断测定了硼镁石、索伦石、钡闪叶石、斜方闪叶石等20多种矿物的晶体结构。他以此为依据发表的论文，没有一篇在国际上被否定掉，使我国矿物晶体结构的研究水平处于世界前列。彭志忠的名字也因此被列入《世界结晶学家名录》。1978—1985年，彭志忠教授发现了10多项具有重要科学意义的晶体结构现象。

岁月见证，当初那个在战火中辗转求学、怀揣“国富强”目标的少年，凭借执着不懈的努力，成为新中国新一代知识分子中当之无愧的佼佼者。他不仅信心十足地立下了这个大志，而且通过目标笃定、心无旁骛的奋斗，攻克了一个个目标。彭志忠有较好的天赋，但他能取得成就，靠的不是天赋，而是“纯粹、执着、务实、专注、忘我”的品格。这10个字，就是彭志忠的成才之道。

潜心育人创学脉

彭志忠1952年毕业于清华大学并留校当教员。全国院系大调整时，他调到北京地质学院矿物教研室工作，先后任北京地质学院结晶学及矿物学助教、讲师、副教授，武汉地质学院教授，武汉地质学院北京研究生部中心实验室主任、矿物晶体结构和晶体化学研究室主任。

彭志忠有着锲而不舍的科学态度和踏踏实实的工作作风。学校初创时期，彭志忠是第一批年轻教员，分配给他的第一项任务就是整理标本和制作模型。从各处运来的大量标本、模型杂乱无章，他一一进行清查、分类、说明。这是一件很繁琐的工作，但彭志忠却很高兴，因为这是他丰富自己基础知识的一个好机会。此外，他还承担起制作大量教学用的矿石标本和矿物晶体原子结构的任务，参与设计了上百种晶体模型图样，制作了上万块晶体模型，整理、鉴定了上万块矿物标本，配备了30套教学标本。他以标本室为家，一干就是3个春秋。正是在这种枯燥单调的同标本、模型打交道的工作中，他识别了几百种矿物，在脑子里印下了千百个晶体形态和结构，为他的科学研究打下了十分坚实的基础。在新中国成立之初，研究矿物晶体形态的人才奇缺，彭志忠接下了矿物晶体结构学科建设的重任。1954年，彭志忠首先为研究生开设了晶体学相关课程，并与其他同志合编我国第一本《结晶学教程》。其后又结合教学编写我国晶体图册和《晶体测量》教材。

▲ 彭志忠主编的教材

1959年，彭志忠组织建立了我国第一个矿物晶体结构实验室——北京地质学院矿物晶体结构实验室。没有实验设备，他就组织几个年轻人，将一台医院用的旧X光机改装成衍射仪，在艰苦的条件下开启了中国的矿物晶体结构研究。在彭志忠的带领下，实验室仅用13天时间，就提出了一个包头矿的试用结构，用35天就测定出该矿物具有184个原子的复杂晶体结构，比国外同时进行这项研究工作的机构提前5个月发表了研究论文，再次震动了国际结晶矿物学界。1962年，彭志忠指导研究生马喆生，赶在处于该领域前列的英国和苏联的前面，测定了星叶石的晶体结构，发现了一种新型的硅氧骨干。以该成果为主题撰写的论文发表后，被国外的学术刊物和教科书广泛引用，实现了“让中国人测定的矿物晶体结构在世界教科书上出现”的夙愿。为了保证人才培养与国际学术研究接轨，彭志忠领导实验室其他老师广泛开展了国际学术交流活动，经常接待慕名来访的外国专家。1980年，彭志忠赴巴黎参加了第二十六届国际地质大会和第十二届国际矿物学大会，他作的题为“铁橄榄石——高铁橄榄石晶体结构中缺席的有序——无序现象及其成因探讨”的学术报告，被法国和意大利知名矿物学杂志争相发表。

▲ 彭志忠教授(左)、王鸿祯院士(右)、马杏垣院士(中)于第二十六届巴黎国际地质大会期间在周总理故居前合影(1980年)

彭志忠既是新中国培养出来的地质学家，也是中国地质大学晶体学科的开创者。他带着满腔热情和一身本领，把对国家的爱倾注在培养社会所需的人才上。任教30多年，他始终坚持在教学第一线，以严谨的治学态度带出了20多名高质量的研究生和一批又一批的大学生，为新中国培养了一支有较高水平的晶体结构研究队伍，为我国后续研究矿物晶体结构奠定了坚实基础。

病烛燃尽献佳绩

“我不应该住院，以前我都一次一次挺过去了。”

1986年3月，带着暖意的阳光照进病房，彭志忠躺在医院的病床上，痴痴地望着窗外，惦记着要研究的课题。对他来说，晶体研究就是他全部的世界，在这个世界里，有太多的秘密让他着迷、探索。

就在一个月前，医院明确诊断他的病为“肝硬化晚期”加上“肝癌晚期”。组织上要他立即住院，可他一再拒绝，他说：“我现在研究的这项课题，比我过去所有研究成果的总和还重要得多，要抢时间，哪能停下呢！”这项课题，在彭志忠眼中，比生命还重要。

早在1969年底，学校南迁时，彭志忠就被安排到湖北丹江口参加“校办地质队”工作。他承担了3个班150多名学生的综合地质、结晶矿物、晶体光学和造岩矿物课程教学任务，还有繁重的体力劳动，每天都精疲力竭，饮食条件也不好，致使肝炎病毒侵入了他的身体。尽管条件如此恶劣，彭志忠仍坚持着作矿石研究。

科学的春天到来后，彭志忠在晶体研究道路上更是大放异彩。1980年，他领导的研究室被地质部评为“地质找矿重大贡献集体”。他们取得的成果先后获得地质部科技二等奖、内蒙古自治区科技成果一等奖、国家科学技术委员会（简称“科委”）颁发的三等及四等自然科学奖。

1983年，彭志忠实现了多年的夙愿，加入了中国共产党。他更是忘我地工作，连续发表了几篇具有国际水平的论文。他成为了国内著名结晶矿物学家，是1984年国家科委批准的有突出贡献的中青年科学家之一。他先后当选为第三届、第五届、第六届全国人大代表。

在努力攀登科学高峰的路程中，他的光芒越来越璀璨夺目，但身体健康状况却每况愈下。

1983年，彭志忠住院做胆囊切除手术时，医生发现他的肝脏已患结节性肝硬化，要他注意休养和治疗，不然有病变的危险。可彭志忠依然心系工作，他一方面在武汉地质学院主办的《地质科技情报》杂志连续发表文章，系统总结20多年来取得的研究成果，介绍国内外科研新信息；一方面带领大家抢时间多出成果，培养人才。

此时，一个国际上正争相研究的“五次对称轴”和“准晶态”重大课题又吸引了他的注意。于是他拒绝了组织上多次安排的疗养和住院治疗，奋不顾身地再一次向世界科学高峰进击。

“时间不多了，我要抓紧有限的生命为国家抢速度！”他在这个既涉及数学又涉及物理，还要引进新的概念、建立新的模型的前沿科学领域里，又着魔了。

“老彭呀，得肝病，身体本来就虚弱，可你还那么紧张思索，把血调到脑上来，怎么行啊？应该好好换换脑子。”同事杨光荣教授屡次痛惜地劝他。“神经绷得太紧，囊会断，我陪你上公园”，他妻子疼爱地说。好不容易，彭志忠答应了。他们来到颐和园门前，可是当他走过小摊时却突然停住脚步，原来是小摊上的玩具和他脑海中的晶体结构奇妙地融合了。新的灵感在这一刻迸发了。他左挑挑，右捡捡，按照新思路买了一堆玩具，连公园门都没进就折身回家，伏在桌上拼凑起来，终于做出了一个“五次对称轴”的新模型。

经过艰苦的拼搏，终开出一朵朵绚丽的科学之花。从1985年9月起，一连4篇闪着奇光异彩的有关“五次对称轴”和“准晶态”的论文陆续发表。科学家们认为，他在国际上首次提出的“准晶体具有分数维结构”理论和准晶体的两个构造原理，是对物质结构认识的一个突破，影响深远。这些成果在1985年10月召开的全国第一次准晶体会议上得到确认，并在国内外发表，获地质矿产部科技成果特等奖。

1985年10月，病魔向他进一步伸出了毒爪，医院查出他的肝病已出现实质性病变，也就是肝癌信号。可是，他仍在争分夺秒地为祖国科学发展进行最后的一搏。他3次风尘仆仆赶赴长沙、武汉等地参加重要学术会议，作内容新颖的学术报告；在北京参加科技成果评审会；主持研究生论文答辩；频频接待来访；赶写学术论文；指导11名研究生。

他的病情急剧恶化，实在拗不过组织的再三劝说，他才提了一个小包住进医院。当他处于肝昏迷状态时，他的助手打开小包，才发现包里装的全部是为准备写一篇更为重要的“五对称”“准晶体”论文所搜集的资料。彭志忠躺在医院里，病魔正严重威胁着他的生命。然而，在生命即将燃尽时，他仍想着未写完的论文，惦记着那个晶体世界！1986年3月31日，彭志忠因肝癌于北京病逝。8年前，迎着科

▲ 彭志忠(前排左一)带重病参加研究生答辩会(1986年1月)

▲ 彭志忠带病做学术报告

学的春天，他在春融大地、欣欣向荣的时节里绽放异彩，为祖国争得荣誉。8年后，依旧是万物复生、春回大地，这个只在科学的世界中高速运转的人，在53岁的盛年猝然长逝。落红不是无情物，化作春泥更护花。彭志忠的生命之花凋谢了，但他的灵魂已扎根在祖国大地上，他的学术成果会永远惠及后人，他的精神光芒将照亮更多更远的探索者。

人格光辉照后人

正是凭着不畏艰难、锲而不舍的精神，到1986年，彭志忠领导实验室完成了50余种矿物的晶体结构的研究，约占全国总数的70%。他满怀对祖国的深厚感情，把自己指导发现的许多重要矿石分别命名为安康矿、湘江铀矿、大青山矿、锡林郭勒矿、张衡矿等，实现了他青年时就立志用中国地名、人名来命名新矿物的宏大理想。同时，他与有关单位协作，发现或确定了30多种新矿物和新变种，占我国发现总数的一半。这些研究成果曾获1978年全国科学大会奖和1982年全国自然科学奖。他还撰写了80多篇论文和4本专著，获多项国家级奖励，使我国在这个领域的研究成果始终处于世界先进水平。

北大教授唐有祺曾说："彭志忠在中国首先把矿物学研究提高到原子、分子和结构分析的水平，中国矿物学确实需要这样一种飞跃。"

彭志忠30余年的心血和汗水，化作丰硕的成果，成为对人类科学史的奉献。但他的奉献远不止于此，从他身上看到的，更多的是一种纯粹、执着的品质，是勇攀世界科学高峰的精神。

彭志忠最初做葡萄石晶体结构测定时，没有X射线机，他就用20世纪40年代的日本医用X射线机代替。没有计算机，他就用算盘。尽管在这样差到极致的条件下，他却创造了轰动世界的成果。

▲ 彭志忠在做实验

有人对彭志忠的学生说："你们彭老师真像一位魔术师，别人做不出来的晶体结构模型，到他手上就像变戏法一样，很快就做出来了。"这位"魔术师"的诀窍是什么呢？

这就是：干什么学什么，学什么爱什么，锲而不舍，坚持到底。

“现在不要一切向钱看，要多想想如何把地质科研事业搞上去。”彭志忠多次这样告诫周围的同志。作为一名新中国培养的科学家，彭志忠一心为国、目标笃定、踏实做事、心无旁骛，为国家科学事业做出了很多贡献，但从不居功自傲。对于他的助手或研究生研究的课题，无论他花费了多大精力进行指导，成果发表时，他总是坚持不署自己的名或将自己的名字署在最后面；有关部门来了解或采访他们的先进事迹时，彭志忠首先介绍的是自己的助手或研究生的成果，不怕助手和学生们超过自己；外单位的同行们找他请教问题时，他不惜耽误自己的吃饭、休息时间，总是满腔热情地予以接待；对自己在课题研究中的新发现、新进展，他总是毫无保留地向同行、助手和学生们传授，从不搞学术封锁，甚至向全国同行们宣布可以开放自己配有先进仪器设备的实验室。他在生活上很少向组织提出个人要求，尽量不给组织添麻烦；就在生命垂危之际，他还时刻关心着自己所领导的研究工作，而很少问及家事。他的研究生马喆生回忆当年场景说：“那时，他从早到晚都在实验室里，一项项技术、程序，手把手教我们，非常细心。”研究生柴钢说：“有一次看书发现有些问题，抱着试试看的心理写信向彭老师请教。没想到，不到半个月，就收到彭老师的回信，他写了整整3页纸。”博士研究生汪苏也说：“老师生前的最大愿望是使我国的结晶矿物学走在世界的最前列，我一定要继承老师的遗志，发扬老师的精神，沿着老师开创的道路走下去。”“他是我在学术上最钦佩的老朋友之一，也是我学习的榜样。”潘兆橹教授这样评价。对彭志忠来说，除了“为中国在世界矿物学领域争一席之地”这一件事，其他都为浮云。彭志忠的这些思想作风为他的同事、助手和学生们树立了好榜样。在彭志忠病重期间，地质矿产部授予彭志忠特等劳动模范称号，国家科委、地质矿产部也下发了《关于向著名中年科学家彭志忠同志学习的决定》，并在全国范围内发起“向彭志忠同志学习”活动。

彭志忠已经成为人们学习的“典型”，但他其实不需要任何形式的名与利，因为他生前从不计较个人名利，是那么真诚实干的一个人。超脱物外、忘我纯粹，这就是彭志忠的处事风格。彭志忠过早地离开了，但他的名字却和“攀登”“开创”“献身”这些词语紧紧地连在一起。在颠沛流离中，他刻苦求学，始终胸怀大爱；为振兴祖国的科学事业，他在青年时期立下赶超世界先进水平的宏图大志；在新中国成立后，他心无旁骛，抓住一切机会为国家的科学发展服务。他推动了矿物晶

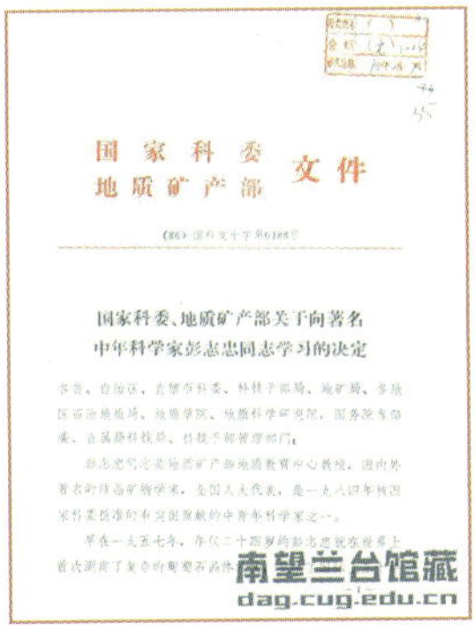

国家科委
地质矿产部 文件

国家科委、地质矿产部关于向著名
中年科学家彭志忠同志学习的决定

▲ 地质矿产部授予彭志忠特等劳动模范称号的决定

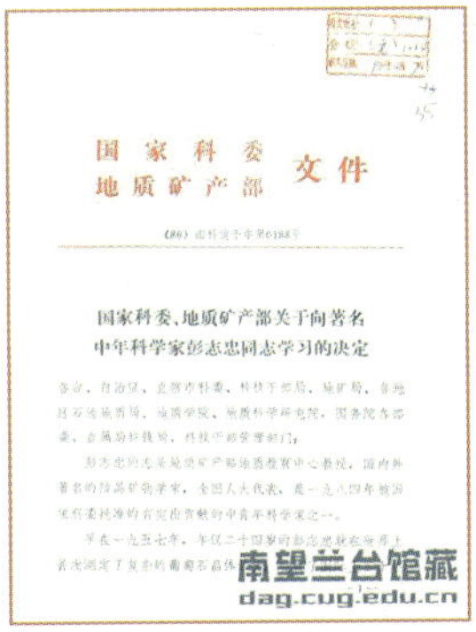

国家科委
地质矿产部 文件

国家科委、地质矿产部关于向著名
中年科学家彭志忠同志学习的决定

▲ 国家科委、地质矿产部关于向彭志忠同志学习的文件

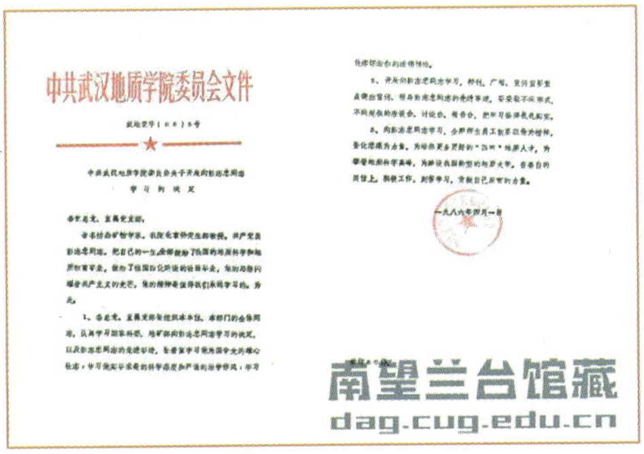

中共武汉地质学院委员会文件

▲ 武汉地质学院向彭志忠同志学习的文件

向优秀的中年科学家彭志忠学习

▲ 1986年4月4日《中国地质报》宣传彭志忠同志的专题版面

体学在中国大地上生根、发芽、壮大的历史进程。他不断取得的开创性成就获得了国际结晶矿物学界的高度称赞，为祖国争得了荣誉。他以高度的责任心开创了地大晶体学学脉，使我国形成了一支有水平的矿物晶体结构研究队伍。在新中国百废待兴时冲锋在前，在社会主义科学建设中勇挑重担，他用自己纯粹专一、淡泊名利、甘于奉献、赤诚报国的崇高品质和家国情怀走出了一代知识分子为人民、为祖国、为科学立志献身的路，影响着一代代地大人，继续走彭志忠的道路，复兴民族，为国争光。

（**文字** 校史馆地大红色故事创作团队 南望兰台校史研习社）

——/王富洲/——
在人类首次从珠峰北坡成功登顶壮举中为国争光的中国登山事业奠基人

绒布冰川伸出的幽蓝冰舌，透出喜马拉雅山的阵阵寒意，冰川风逞威的前方，伟岸的珠穆朗玛遮没了半壁蓝天。巍峨耸立的珠峰是令各国登山者魂牵梦萦的圣地。对珠峰来说，攀登者是一波又一波的过客，而对中国攀登者而言，珠峰又意味着什么？我们为何要登珠峰？

"因为，祖国就在那里！"

"我们自己的山，登上去，让全世界看到，中国人！"

1960年5月25日凌晨4时20分，中国登山队从北坡顺利登顶成功，结束了中国人登顶珠峰尴尬的空白历史，实现了人类历史上首次从北坡登顶珠峰壮举，为世界登山史写下了光辉的一页，也让中尼在签订边界条约时正式确定了珠峰北坡为中国领土，极大地促进了我国疆界的最终确定。当时成功登顶珠峰的中国登山队队长，便是北京地质学院1958届毕业生、中国地质大学杰出校友王富洲。另外两名成员为贡布、屈银华。他们用不畏艰险、排除万难、甘于奉献的大无畏精神，为国争光、祖国利益高于一切的爱国主义精神和团结协作、攻克难关的集体主义精神，生动诠释了为国家而战、为使命而战的攀登者精神。在他们的影响下，一代代人朝着珠峰出发，继续用双脚丈量一个个新高程。

▲ 王富洲登上珠峰时的照片（1960年）

敢为人先　为国争光登珠峰

中国完成人类首次从北坡登顶珠峰的最初计划其实与苏联有关。时间回溯到20世纪50年代，成立不久的新中国百废待兴，群众体育运动蓬勃发展，但登山运动方面的发展却是一片空白。为了促进体育运动的友好交流，1955年5月，在全苏工会中央理事会的邀请下，中华全国总工会派出了4名学员赴苏联学习现代登山技术。第二年春天，苏方又派2名登山教练来华，在北京西山八大处培训了新中国最早的一批40多名登山运动员。培训结束后，中国成立了以这批学员为主要队员的第一支登山队——中华全国总工会登山队。王富洲于1958年通过攀登珠峰的登山队员选拔正式加入登山队。

1957年11月，苏联向中共中央寄出一封建议信，信中提到组织中苏联合爬山队，在1959年3月—6月登上珠峰，并以此作为中华人民共和国成立十周年纪念的献礼。收到来信后，周恩来总理考虑到我国西藏边境目前不能开放，本想婉转谢绝邀请。1958年4月5日，在时任国务院副总理兼任体委主任贺龙元帅的积极支持和建议下，周总理批示“可以考虑来”。1958年夏天，中苏双方在北京新侨饭店会谈，共同制订了攀登珠峰的3年行动计划：1958年侦察，1959年试登，1960年登顶。双方达成共识，高山装备、高山食品由苏方负责，中方负责全部人员、物资从北京至珠峰山下的运输任务，以及较低海拔的物资装备。

正当一切都在紧锣密鼓地准备之际，因出现不可抗因素，原定于5月开展的中苏联合登顶珠峰计划不得不中止。而后不久，中苏关系持续恶化，苏联相继撤出援华技术专家与科技设备，中苏联合攀登珠峰计划最终沦为泡影。

此时的中国正处于3年困难时期，而且中国正在与尼泊尔就两国边界勘定进行谈判，双方在珠峰的归属上还存在一定的争议。尼泊尔方认为，中国人从来没有登顶过珠峰，珠峰根本就不能算是中国的领土。

事实上，人类第一次登上珠峰顶峰是在1953年，英国和瑞士登山队先后从尼泊尔境内的南坡成功登顶珠峰。但那时始终无人自中国境内的珠峰北坡登上世界之巅，英国人数次在北坡折戟，以至于他们得出结论，想从北坡攀登这座“连飞鸟也无法飞过”的山峰，“几乎是不可能的”。在这种情况下，登顶珠峰如果能够成功，对于鼓舞全国人民，战胜暂时困难，反击“中国人连珠峰都没有登顶过”的言论，显示中华民族的英雄气概，无疑具有重要意义。而且，在另一邻国印度也准备从南坡攀登珠峰的情况下，中国登山队攀登珠峰实际上是一场势在必行、行必成功的较量。“他们不干，我们自己干！”在苏联中途退出登顶计划后，贺龙副总理坚定地说道，“任何人休想卡我们的脖子，中国人民就是要争这口气，你们一定要登上去，为国争光。”经过多次讨论，我国最终下定决心由中国登山队从北坡独立攀登珠峰。1960年2月，为完成登顶珠峰这个重要的使命，来自全国各地各行业的214人齐聚西藏，正式组成了中国珠峰登山队，并对此做了充分准备。为了确保主力队员的体力不会被过早消耗，登山队组织了一支192人的先遣队，并先后建立起大本营与位于海拔5400m、5900m和6400m的3个高山营地，储备了大量装备、食品。至4月25日，已然在海拔7007m和8500m处建立了四号营地和突击营地。同时登山队员们亦组织进行3次高山行军。

3月25日，登山队抵达珠峰脚下的大本营，开始第一次行军。五星红旗迎风飘扬，一场由中国人征服世界最高峰的战役就此打响。因缺氧、冻伤等困难，3次行军后登山队员人数越来越少，登山队一度陷入低潮期。此时，周恩来总理给中国登山队致以深切问候，并称："要重新组织力量攀登顶峰。"接着，贺龙副总理向大本营传达了新的命令："要不惜一切代价，重新组织攀登。剩下几个人算几个人，哪怕剩下最后一个人也要登上去！"

5月13日，我国重新组织了由许竞为突击队队长，王富洲为副队长、第一候补突击队长，贡布、刘连满、屈银华等为突击队员，一共13人组成的高山行军队。"不拿下顶峰誓不收兵！"5月17日清晨，绒布河谷上空云雾弥漫，在海拔5120m的登山队大本营广场上举行的突击顶峰誓师大会上，王富洲和队员们手握国旗，庄严宣誓，整装待发。当晚，登山队员们全部抵达海拔6400m营地。经过3天的艰难跋涉，队员们最终抵达海拔7600m营地。然而在刚刚抵达营地不久，就出了一件让人意想不到的事情，唯一的报话机掉落，登山队员们接收不到营地传递的指挥信息。

5月23日下午，担任突击主峰登山任务的许竞、王富洲、贡布、刘连满率先到达海拔8500m处的突击营地，与等候在这里的负责登顶拍摄工作的屈银华会合。这时，他们才发现，营地储存的食品、氧气等物资的相关信息都有误。10瓶氧气，有两瓶已经空了。由于每个人需要背着两瓶氧气，因此，5个人中有一个人无法继续登顶。最后，大家决定将刘连满留在营地，其余4人继续向上突击。

▲ 珠峰合影(执旗手右为王富洲)

5月24日9时，王富洲、贡布等人自海拔8500m处的突击营地开始向上突击。然而刚走没多远，担任队长的许竞晕倒，第一候补队长王富洲临危受命。他们立刻赶回了营地，让运输队员屈银华替代许竞继续登顶。继而，王富洲带领着贡布、屈银华、刘连满3位队员完成最后300m的最艰险的攀越行程。8600m，8700m，肩负着光荣使命，王富洲与队员们向着珠峰峰顶冲击。终于，他们来到了矗立在8700m处的“第二台阶”。“飞鸟也无法逾越”的“第二台阶”是通往珠峰的最后一道难关，它旁边深不见底的悬崖就是令登山者“谈谷色变”的诺尔顿大峡谷。1922—1938年间，英国人先后7次在这里折戟沉沙，其中就包括享誉国内外的著名登山家玛珞里和欧文。

那是光滑的垂直条壁，高30m，最难爬的地方有6m左右。王富洲通过观察，找到了一条纵向岩石裂缝，他们决定，沿着这条裂缝登上“第二台阶”。裂缝之上，便只剩下那最后高6m左右的光滑峭壁。岩壁的光滑，远远出乎队员们的预料。岩壁之上，王富洲与队友们冒着－30℃的酷寒向上攀越。在王富洲的保护下，运动健将刘连满在前面开路。他在左边岩壁上打了两个钢锥，用双手抓住岩壁，脚尖蹬着岩面，使出浑身力气一寸一寸地向上爬去。然而岩石较碎，不受力，但凡身体稍微一歪，便会立刻摔回原地。刘连满爬了不到2m，便摔了下来。时间就这样一分一秒地流逝。

“25日天气将要变坏”，这是王富洲他们先前所得到的气象预报，因此必须赶紧爬上去！在这紧要关头，刘连满想到了“搭人梯”的办法。他自告奋勇，蹬伏在岩壁下，让屈银华踩着自己的肩膀往上爬。而屈银华怕鞋上的三齿钉扎伤刘连满，脱下了脚上的高山靴，只穿着单袜往上爬。在那样的高寒地带，在超过－30℃的酷寒之下，脱去高山靴即意味着冻伤，可屈银华依旧义无反顾，为此他最后双脚严重冻伤。屈银华先是在1.7m左右的位置打进了一个冰锥，形成支点。而后又站在刘连满的肩膀上，在高度超过3m的位置又打进了一个冰锥。同时，另一名队员贡布也将冰镐插入岩缝之中，形成了另一个支点。屈银华一脚挂冰镐、一脚挂冰锥，穿入绳子做好自我保护，第一个爬了上去。后续队员们也陆续“搭人梯”，一个托着一个，沿着屈银华爬过的路线向上爬去。最终，在历经五六个小时的奋战之后，4人成功跨越“第二台阶”。

4人在崖上休息片刻后便继续前行。然而，担任开路任务的刘连满这时却倒下了。他因为先前体力消耗太大，两腿已然无法支撑身体。在这种情况下，4人在海拔8700m左右的地方召开了党小组扩大会议。最终，王富洲决定将刘连满安置在一个避风的大岩石旁的弧形坳槽中，然后带领屈银华、贡布继续攀爬。无论如何都要完成登顶任务！

▲ 登山三英雄
（左为屈银华，中为贡布，右为王富洲）

当登山队攀越到海拔8830m左右的位置时，危机又接踵而至。本就物资不充沛的王富洲3人氧气基本用完，寒冷、疲惫、高原反应等不断向他们袭来，而他们却只能依靠空气中微弱的氧含量维持生命。尽管举步维艰，但他们此刻仍旧负重前行。

“只能前进，不能后退。”秉持着坚定的信念，凌晨4时左右，在经受缺氧、寒冷、饥饿、干渴等生死考验之后，世界最高峰——珠穆朗玛峰的峰顶终于被中国登山队员所征服！他们在世界巅峰展开中华人民共和国国旗，豪情万丈。在下坡前，他们将毛泽东半身雕像用五星红旗包裹着，放置在了顶峰西北角的岩石缝中。

这是中国人第一次登顶珠峰，也创造了人类首次从北坡登顶的纪录，此前从未有人征服过这条“死亡之路”。

消息传出，顿时举国沸腾。1960年6月7日，西藏自治区各界代表万余人齐聚拉萨，为凯旋的登山英雄们举行了盛大的欢迎仪式。26日下午，在北京工人体育场，国家体委、中华全国总工会和共青团中央举行了7万多人参加的盛大庆祝会，董必武、贺龙、罗瑞卿等党和国家领导人亲自到场，庆祝中国登山队登顶珠峰。《人民日报》发表社论，高度肯定了“无高不可攀，无坚不可摧”的登山精神，鼓舞了全国人民建设社会主义的斗志。著名文学家郭沫若亦题诗一首《喜闻攀上珠穆朗姆峰》：“英雄肝胆夷天险，集体精神旷代功！”祝贺中国登山队立下的旷世奇功！

在那个时代，作为国家官方媒体的《人民日报》一共发过两次号外：第一次，是1964年罗布泊的原子弹成功试爆；第二次，则是1960年的中国登山队成功登顶世界最高峰——珠穆朗玛峰！对于那个年代的中国人而言，无论是1960年的登顶珠峰，还是1964年的原子弹成功试爆，都是引发民族自豪感的英雄壮举！“我当时参加登山队，是为了完成国家交给的任务，那时候是一定要登上顶峰，要树雄心、立壮志，不把珠穆朗玛踩在脚下誓不罢休。”王富洲在后来的回忆中说道。“1960年，正是我国最困难的时期。我们肩负着党和国家的重托和人民的企盼，首次成功征服珠峰。在那时候，中国人首次征服珠峰的壮举极大鼓舞了全国人民战胜困难的士气。”“国家那时遭灾，连毛主席都有很长时间吃不上肉，登山队的供应能好到哪里去呢。平常大概也就吃个半饱，只有在真的登山前才能吃饱肚子，也谈不上营养搭配。那时登山队没有专门的营养师，只有解放军炊事员。但是，我们很满足，能登上珠穆朗玛峰靠的是全国人民的无私支援。登山队员穿的羽绒服，是上海工人加班赶制的，由于工艺水平不过关，穿在身上滚成了蛋，薄的地方只有两层布。青藏高原风大，一吹冷得刺骨……”苦难时期的窘迫，王富洲依旧历历在目。舍生忘死为国家，克服困难终凯旋。在人类首次从珠峰北坡成功登顶壮举中，为国争光的王富洲名闻全国，“王富洲”3个字自此成为中国人民叫起来朗朗上口、充满自豪感的名字。以王富洲、屈银华、贡布3位登山英雄为代表的中国登山队用生命、意志、信念和勇气践行了忠于祖国、无私奉献、勇攀高峰的时代使命，谱写了一曲爱国主义和民族精神的时代赞歌，铸就了中国乃至世界登山史上的不朽丰碑。

刻苦求学 攀登精神兴母校

战胜过世界最高峰的王富洲是新中国登山事业的奠基人和开创者之一，是长期奋战在登山前线的优秀登山家，但在上大学前，王富洲从来没有见过山，更没有爬过山。河南省西华县一个名叫南流渡口的村庄，是王富洲的家乡。1935年，王富洲在这里出生。该地地处豫东平原，土壤肥沃，但天灾人祸使得在这里生存的王富洲一家生活艰难。王家祖祖辈辈以种地为生，王富洲在家中排行老二，自小便要帮助家里维持生计，承担起各种农活。“我8岁那年在村里上了小学。我边念书边劳动，从小就有劳动的习惯。随着年龄的增长，割草、放牛……地里的活我全会干了。”对于幼时岁月，王富洲这样回忆道，“那些打不倒我的，终将使我更强大。”少年时期的磨炼，使得王富洲的心性更加坚韧，努力向前、奋斗的信念愈加坚定。

1951年，王富洲以优异成绩考入河南省淮阳中学，然而同年，王富洲的父亲去世，全家的重担落在母亲身上。淮阳中学离王富洲家足足有180里（1里=0.5km），为了帮助母亲一起养家，王富洲学习和农活两头兼顾。生活虽然艰辛，但每每谈及未来的出路，王富洲也总是会对小伙伴们说：“我一定得考大学，只有考上大学才能成为国家栋梁。”在那个斗志昂扬的红色年代，为国争光便是无数青年的梦想，而王富洲同样也顺应时代大潮，立下一身报国志！

1954年，在中国共产党的领导下，“一五”计划正在如火如荼的开展当中。而为了培养更多适用于经济建设的人才，国家制定了优厚的教育政策。国家出钱培养大学生！王富洲听到这个消息之时，激动之心，无以言表。他誓要“努力学习，报效祖国”！也是这一年，王富洲考入北京地质学院石油系，成为村里两个仅有的大学生之一。

▲ 石油系14班同学于图书馆前合影（1956年，王富洲前排左一）

应国家经济建设需要而组建的北京地质学院（简称“地院”），有着丰富的社团活动和体育活动，且十分重视学生综合素质的培养。鉴于地质勘探测量等课程本身的特殊性，地院的学生能够得到良好的野外生存技能锻炼。尤其是野外实习课，学生们需要爬山采集矿石标本。这是一件十分辛苦的事，学生们时常要背着行李走几十里路，但王富洲总是走在队伍最前头，并帮助体力不支的同学背地质包。他觉得自己有力气，负重的事应该由他来做。“我在大学学习的4年间，只有一条被子，没有褥子，床板上只铺一条白床单；没有枕头，用一摞书来代替。在吃穿方面我无所求，但对学习以及学校组织的各项活动，都积极去参加。”大学4年，王富洲始终秉持地院“艰苦朴素、求真务实”的校风，吃苦在前、自觉自律、待人以诚。同时他又刻苦学习，积极参加各项活动。一直以来，他都是师长眼中的高徒，同学眼中的益友。1956年，王富洲由于各方面表现优异，被北京地质学院党组织吸收为一名真正的中国共产党党员。1958年起，北京地质学院将登山运动列为地质专业的必修课，每年结合测量实习在北京香山组织登山现场教学，同时在周口店开展登山训练。王富洲出生在一望无际的豫东平原，一位从没爬过山的年轻人，开始了他与登山运动的第一次接触。

1958年6月，在王富洲毕业前夕，刚组建不久的中国登山队需要选拔参加中苏联合登山队一起攀登珠穆朗玛峰的登山队员，北京地质学院派出6名体育老师、

2名专业教师和4名毕业生到香山登山训练班参加集训，他们成为北京地质学院开展登山运动最初的骨干。王富洲就是这个时候以良好的身体素质和心理素质条件入选，并加入国家登山队，从此与登山结缘，参与到新中国登山事业的开拓与拼搏中。

▲ 王富洲毕业文凭

在香山登山营集训时，最难完成的课程是爬“鬼见愁”，教练员要求队员们不但要在限定的时间内跑上跑下，有时还要背着人攀登。王富洲说：“只有一丝不苟地按照教练要求做，不怕多流汗，不怕多吃苦，才能练出真功夫。”他一直鼓励自己：“坚持！再坚持！登珠峰比这还要苦，一定要顶住。”秉承着这样的信念和劲头，每次训练，王富洲总能很好地完成教练规定的指标。

1958年8月下旬，中国派遣包含王富洲在内的46名登山运动员前往苏联和苏联队员同登帕米尔高原上海拔7134m的列宁峰。王富洲下定决心：我是代表中国人来的，决不给中国人丢脸。9月7日，中苏各17名队员登上了列宁峰顶，王富洲是其中之一。在颁奖仪式上，苏联人把证书第一个颁给了王富洲。

1959年，王富洲参加的中国男女混合登山队在新疆境内慕士塔格山的攀登训练中，成功登顶海拔7546m的慕士塔格山顶峰，创造了登山队集体安全攀登海拔7500m以上高山人数最多的世界纪录，也创造了女子登山高度的世界纪录和女子攀爬海拔7500m以上高山人数最多的世界纪录。

1960年5月25日，国家登山队首次成功登顶世界第一高峰珠穆朗玛峰，王富洲是成功登顶的3人之一。“这一成绩的取得是用生命和鲜血换来的，其中可歌可泣的事迹难以用几句话来表达。追忆这段经历王富洲不胜感慨，如果没有当年老师和领导的辛苦培养、无私关怀和谆谆教诲，也就没有这一荣誉的取得。”王富洲追忆过去岁月，如是说道。言语中满是对地大师长教导的感恩之情。

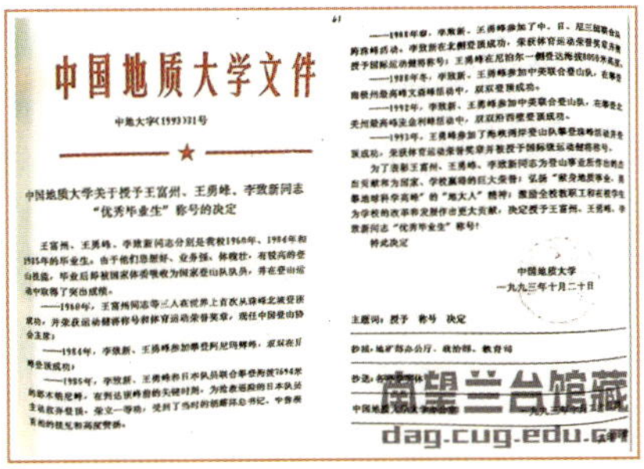
中国地质大学文件

中地大字（1993）31号

中国地质大学关于授予王富洲、王勇峰、李致新同志“优秀毕业生”称号的决定

特此决定

中国地质大学
一九九三年十月二十日

主题词：授予 称号 决定

▲ 中国地质大学授予王富洲等人“优秀毕业生”称号的决定文件（1993年）

▲ 中国地质大学校友会成立时王富洲（前排左五）与校友合影留念

王富洲战胜世界最高峰的壮举也为学校树立了好榜样。在喜报传回后，学校专门下发了学习登山英雄事迹的决定，发起向王富洲同志学习的活动。全校掀起向登山英雄学习高潮，同时，在1960年第七期校刊上，学校用整整两个版面刊登了事迹学习成果，高度肯定了王富洲的精神品质。因王富洲为国家做出了卓越贡献，1993年，中国地质大学授予王富洲“优秀毕业生”称号。

作为从地大走出去的知名校友，王富洲十分关心学校的发展。只要有时间，他常回母校看望师生、参加活动，学校有登山、科考座谈会时，他也尽力热心扶持、悉心指导，将自己的知识、经验毫无保留地与同志们分享。在以王富洲为代表的登山先贤感召下，一批批地大人心无旁骛，无惧风雪，不懈攀登。60余年来，中国地质大学培养出6000多名登山人才，撑起中国登山界的半壁江山，是名副其实的攀登者“黄埔军校”，师生们的足迹遍布祖国的天涯海角、边疆大漠，踏遍了全球七大洲最高峰和南、北两极。

无畏忘我　逐梦雪山寄深情

“干了这么点事，给我这么多荣誉，我想不到。有点害怕。接受不了。”面对荣誉，王富洲谦逊地说道。成功登顶珠峰的突出成就让王富洲远近闻名，成为新中国登山事业中当之无愧的佼佼者。然而王富洲将荣誉看得很淡，他喜欢登山，而他也不负众望，继续踏上了征服名山大川的步伐。

1961年，王富洲在治好冻伤的双手和双脚后，又拿起冰镐，登上了7500m的公格尔九别峰。

1964年，王富洲作为中国登山队副政治委员，带领9名队员成功登顶海拔8012m的希夏邦马峰。至此，中国登山队征服了最后一座未被人类登顶的海拔8000m以上的高山，并创造了10名队员集体登上8000m以上高峰的世界纪录！

1975年，王富洲作为中国登山队党委书记兼政委，再次出征珠峰。而这次集体登顶珠峰人数之多，科考成绩之大，在世界登山史上前所未有。最终，潘多等9名队员自北坡登顶珠峰，并配合测绘工作者第一次实地测绘了世界第一高峰珠穆朗玛峰的海拔高度为8848.13m，而这一数据也被当作国际标准，被世界各国普遍承认和采用。另外，同行的藏族女同胞潘多成为世界上自北坡登顶珠峰的第一位女性。

1993年，王富洲任国家体育总局登山运动管理中心主任、中国登山协会主席。在新的岗位上，他继续发扬无私奉献的"人梯"精神，积极培养年轻运动员。

1995年6月，王富洲正式退休。几十年里，他带领中国登山队攀上一座座高峰，用自己的实际行动为祖国和人民赢得了崇高荣誉。1959年获得运动健将称号，1960年、1964年两次获得体育运动荣誉奖章，1981年获国家级教练称号。

王富洲的一生就是一部山的集锦，而他总能记得每一次登山的因由和故事。在家人眼里，他无疑是一座"大山"，屹立不倒；而在他自己心里，他又是那个不断攀越高峰的攀登者。由于长期从事登山活动，王富洲落下了手指残疾、脑血栓与视力障碍等病症，但他仍关心着中国登山事业的未来。

也有人曾问王富洲："您后悔过吗？哪怕只有一点儿，哪怕只有一次？"王富洲明确表明了自己参加登山队的初衷："我参加登山队，就是为了完成党和国家交给的任务，那时候是一定要登上顶峰，要树雄心、立壮志的。和我一起登上珠穆朗玛峰的人，有的被冻掉了耳朵，有的被冻掉了鼻子，还有的10个脚趾都被冻掉了。有些同志都献出了生命，牺牲了，我的伤残算不了什么！当时，大家有一个共同的口号：'英雄气概山河，敢笑珠峰不高'。同志们在登山过程中也提出来要发扬团结精神，右胳膊摔断了，用左胳膊帮助同志，团结成一股绳，不登上珠穆朗玛峰的顶峰决不罢休。"对于当时年逾古稀的王富洲来说，也许很多事情和记忆都已模糊，但1960年攀登珠峰的往事却历历在目。

2015年7月18日晚，王富洲因病在北京去世，享年80岁。王富洲在京逝世后，各方震动。新华社发布体育专电，援引中国登山协会唁电，称颂“以王富洲同志为代表的老一辈登山家所创造的登山精神已远远超过了体育本身，成为激励和鼓舞全国人民不畏艰险、顽强拼搏的动力源。”

对于王富洲这位登山界名将的逝世，中国登山协会主席李致新迟迟不能接受。在他心中，王富洲“是我们的英雄，也是中国登山界的开拓者”。据李致新回忆，王富洲为人十分热心，在任时，经常帮助登山队员与后勤人员。从分配住房，到孩子上学、解决户口问题，王富洲都来者不拒，因而大家都亲切地称呼他为“老政委”。

“我觉得父亲最难能可贵之处，就在于坚守信念，他的信念就是‘无我’。”追忆起父亲，女儿王毅首先想起的便是父亲那“无我”的信念，在王毅的记忆里，父亲在地院求学之时，便将“无我”二字刻在饭缸上了。渐渐地，“无我”便成了父亲的个人信念。“即便是在登山成功后面对名誉和地位，他也一直强调这是集体功劳，而不愿过多提及个人。”在王毅眼中，父亲就是这样一个不计个人得失、切实为集体利益着想的人。“父亲经常说的一句话是：‘当时心里只有一个想法，国家利益高于一切，一定要完成国家交给我的任务！’”提起父亲王富洲，王毅很骄傲。

“成功不敢随便说，起码，要把一件事情完成，除了有始有终之外，做这件事的人必须做到自觉自律，心无旁骛，这是最重要的。”王富洲这样告诫自己。回顾王富洲同志的一生，他就坚持干好登山这一件事，7134m的列宁峰、7546m的慕士塔格峰、7500m的公格尔九别峰、8012m的希夏邦马峰、8844.13m的珠穆朗玛峰，一座座高峰、一次次攀登，为了心中的理想和信念，他都无畏前行。王富洲心怀强烈的政治责任感和历史使命感，洋溢着不畏艰险、不怕牺牲的英雄气概。他用以大局为重、担当作为、淡泊名利的实际行动，铸就了爱国奉献、刻苦训练、团结战斗、无私忘我、勇于攀登的中国登山精神，也鼓舞和激励着一代代地大人向着世界科学高峰奋勇前进。

（**文字** 校史馆地大红色故事创作团队 南望兰台校史研习社）

——/ 胡连军 /——
当警察，我努力的目标是“Excellence”

你好，警察节

2020年7月21日，《国务院关于同意设立“中国人民警察节”的批复》发布，同意自2021年起，将每年1月10日设立为“中国人民警察节”。在第一个“中国人民警察节”，习近平总书记对政法工作做出重要指示，代表党中央，向全国人民警察致以诚挚的慰问。

▲ 维和警察副总监英格丽德女士亲自为胡连军颁发荣誉证书

为庆祝这个光荣的节日，武汉公安推出《你好　警察节|我和我的警察故事》电视台采访节目。学校计算机专业1996届校友、现任武汉市公安局洪山区交通大队副大队长胡连军的专题采访荣幸入选。

胡连军说：“回顾25年的从警生涯，我始终将‘Excellence’作为自己的奋斗目标。”

日历，已经翻到了2021年1月8日，这是我从警的第8936天。时光如白驹过隙，在每个人的生命中，注定都会有很多恒久弥新的瞬间，在记忆中如诗似歌；注定都会有很多或喜或愁的点滴，在脑海中亘古难忘。我转过身，看到了自己正沿着既定的目标坚定不移地走着。从警之路上，留下了我一串串坚实的脚印。

三百六十行，行行出状元。1996年7月，我从中国地质大学(武汉)计算机专业本科毕业，走出校园穿上警服的第一天起，就下决心一定要为警察这个神圣的职业不懈奋斗。

我从最基层的派出所工作开始，先后从事过巡逻、刑侦、指挥调度、信息化建设、治安管理、国际警务合作及交通管理等工作。2009年、2014年，曾两次通过层层选拔，远赴利比里亚执行联合国维和任务。

▲ 胡连军在维和任务区

"Excellence"是对立足平凡岗位、做到最好的完美诠释。"Excellence"不仅仅体现在一个人所获得的荣誉上,更体现在他的社会贡献中。从刑侦工作到办公室的指挥调度工作,从与计算机专业对口的信息化工作到从未涉及的金融和治安管理工作,在每个平凡的工作岗位,我都要求自己精益求精,将工作做到极致。

警察学会论文评比中获得的一、二、三等奖,个人的多次一、二、三等功,全省的公安"信息化十佳标兵""网络神捕"雅号,"武汉市优秀IT青年"荣誉称号,维和警察总监亲自颁发的"嘉奖令"……这些荣誉都见证了我的努力。

我相信,优秀不仅体现在荣誉和成绩上,更体现在专注于自己的工作领域,在自己的岗位上做到极致,最大限度地发挥自己的才能上。

"Excellence"是对心系家国、敢于担当的深刻解读。"Excellence"不仅仅体现在个人的成长中,更体现在个人对祖国的一种强烈的社会责任感与使命感上,即一种"祖国呼,呼必应"的坚守与担当。

2008年我顺利地通过了公安部在全国范围内举行的联合国维和警察的层层甄选考试,先后两次代表中国警察走向了世界维和舞台,在任务区一共工作了近1000天,两次获得了联合国的"和平勋章"和"中国维和警察荣誉章"。

维和经历让我深刻地感受到,唯有和平才能给人民带来幸福!只有国力强大,人民才有尊严!而此次疫情的防控,更让我们看到了中国秩序、中国力量。所以我相信,中国警察的"Excellence"是对在祖国需要的时候义无反顾、响应号召和胸怀大局、心有大我的完美实践。

"Excellence"是对努力工作、认真生活的深刻领悟。"Excellence"代表一种人生态度,在这种人生态度的影响下,我们精益求精对待自己的事业,努力保持对生活的热情。

在学生时代,我就勤奋好学。我不仅掌握了扎实的专业知识,更培养了广泛的兴趣爱好,不管是琴棋书画还是篆刻摄影乃至各类体育运动,我都有涉及,这些爱好一直延续至今，我也被同事和同行们取了个昵称“全能汉警”。

广泛的兴趣爱好是缓解工作压力的最好途径，也是寻求生活乐趣的重要渠道。我相信，每一个人都需要在努力拼搏之余，花一些时间，修身养性，用心感受生活。

▲ 胡连军参加中国地质大学（武汉）2020年毕业典礼

参警多年，通过我的努力，成功改变了很多人的固有看法：一是改变了国内很多人对警察的看法，让人民看到，警察不仅可以执法破案，还可以科技创新；不仅可以孔武有力，还可以舞文弄墨、玩转网络和代码；在严格而人性化的执法之外，还能对违法的外国人强硬地说“不”。二是在国际舞台上，改变了很多外国同事对中国警察的看法，中国警察不仅警务技能过硬、业务水平过硬，还有超强的综合素质。

警察这个神圣的职业培养了我吃苦耐劳、勤学苦练和求真务实的品质，锻炼了我坚忍不拔、顽强不屈的毅力。我将不畏挫折，不忘初心，砥砺前行。

致敬每一位人民警察！

致敬每一位平凡英雄！

致敬人民警察节！

（文字转自武汉公安 图片由校友本人提供）

——/冯 锐/——
行远自迩 笃行不怠

1978年，中国恢复高考制度的第二年，15岁的冯锐考上了武汉地质学院（今中国地质大学），他是中国高考制度恢复后最早踏入大学校门的学生。他本科毕业后，经历读研、读博、创业，长年在地质找矿领域深耕细作。冯锐创立的希尔威金属矿业公司在2012《财富》杂志公布的全球100家增长最快的公司排行榜中位列第

48位，是中国改革开放中的一代名副其实的“前浪”。人们常戏言“长江后浪推前浪，前浪被拍在沙滩上”，但在时代开放、后浪勃发的今天，冯锐带领的希尔威金属矿业公司依然保持着无限生机与活力。只是，为什么是冯锐？

▲ 冯锐

我要自己决定到哪里去

“很多时候命运中会出现很多突发事件，用我们地质学的话说有点像‘灾变’，就像恐龙灭绝一样。很多时候你计划得特别圆满，但是突然就发生了个什么事情。这个事情也许是好事情，也许是坏事情……”冯锐的人生如他所说，处处变化、绝处逢生。因为一次次的意外突发状况，在冯锐求学创业之路的很多重要节点上，事情都没能按照他原本的计划进行。因为大学期间的一次意外举动，在与老师的一番谈话后，他在人人都想捧“铁饭碗”的时代选择了继续完成硕士研究生的学业；因为机缘巧合，他在中国地质科学院读博期间中途退学，转而前往加拿大深造，遇到了影响一生的恩师；因为偶然在报纸上看到的地质创业的新闻，他改变了成为学者的人生规划，走上了地质找矿的创业之路……

初看这些变幻莫测的经历，不免让人以为冯锐心无定性。然而他在叙述自己的每一段经历时，都用到了一个词语：毅然决然。与其说是命运捉弄了他，不如说是他在把握命运。冯锐说：“我不能让命运分配我，我要自己决定到哪里。”对于自己的人生，冯锐一直胸有成竹、运筹帷幄。多年后，他在接受媒体采访时，平静地讲述自己走过的大风大浪，仿佛只是一场风雨淋湿了裤脚，却唯有“毅然决然”一词，显露出他自求学以来从未消失的雄心。对于大多数人来说，做出其中的任何一项可能会改变其一生命运的决定想必都需要踌躇迟疑许久，下定巨大的决心也未必能立即付诸行动。辞去稳定优渥的“铁饭碗”奔向创业路的那一刻，面对铺天盖地未可知的风险和挑战，冯锐毅然决然涌入激流，他的内心始终坚定。

不要把人生的路越走越窄

海外读博期间，冯锐累计发表了14篇研究论文，但走“学霸路线”的他并非一开始就驾轻就熟。导师一边夸赞鼓励，一边用不同颜色的圆珠笔批复针对性的建议修改，看着批改得“面目全非”的文章，冯锐不禁心生落差。经历了两个星期、多达10版的校稿修订后，冯锐的文章最终在地质学领域权威杂志*Geology*上发表，获得了极佳的口碑。除了导师认真负责的指导，冯锐自身良好的学习习惯也助力他在读书期间不断取得进步。为了防止“边学边忘”，攻读博士期间，他每3个月就将这一阶段的工作内容和收获记录下来，定期梳理和调整。冯锐的学霸人生从没有遵循“死读书”的模式，他多次强调学习需“有用”。在快节奏的当下，表达和写作能力的重要性毋庸置疑。学会清晰表达思路和想法在各行各业都至关重要。

在第十五届全国矿床会议上，冯锐作为嘉宾代表向年轻的地质找矿工作者分享了个人的经验。他建议：一是要先成立一个公司；二是购买矿权或通过参与“招拍挂”获得矿权，在好的成矿带寻找合适的项目；三是要与在境外控制矿权的中国公司合作；四是要推介项目，寻求投资者，做好项目PPT路演。关于初级找矿公司是否能增发股权吸引投资，冯锐还总结了7个准则：一是要有坚持到底的毅力；二是要尽量聚焦金、银等贵金属和有色金属；三是要有持续融资的能力；四是要清楚管理层是否有很多股份；五是要有管理层的推销能力；六是要评估政治风险；七是要确定金属价格。这些凝练实用的准则是冯锐数十年的经验总结，也蕴含着他对地质找矿事业的关注和热情。

秉承“求真务实”的校训精神，“看到问题本质、解决实际问题”一直是冯锐最根本的着眼点。2004年，冯锐创造性地应用“矿化率”的概念，通过“矿化率”分析，决定“用钻探找构造，用坑道圈矿体”的方法来布置勘探工程，终于将众多分散孤立的“鸡窝矿”透镜体同时探明，最终实现了规模化开采。冯锐在这一领域的开拓性创新，为中国矿业行业开采“鸡窝矿”提供了可行的路径。而针对在校的地质学专业的学弟学妹在专业学习中提出的疑惑，比如因时间有限、自身知识储备不扎实等导致的对于某些课程一知半解、比较迷茫等问题，冯锐认为最重要的是学会一种方法论。除了使用专业知识解决实际问题，他认为综合分析能力、团队合作能力也很重要，要学会相互帮助。人生有许多种方向，不能只钻在自己的研究领域里，那样会把道路越走越窄。

身体力行报效社会

从地质学专业排名位居全球前列的母校毕业，冯锐感到骄傲。他感慨，人生有很多种未来的方向，有的人立志成为院士、科学家，有的人立志成为政界精英，也有的人考虑跨界转行……冯锐希望，学地质的学弟学妹能坚持关注地质找矿行业，报效祖国。他勉励学弟学妹未来为开创中国矿业新局面贡献智慧。

▲ 冯锐（左一）回校参加2009年新生开学典礼

回馈社会、报效祖国不仅是冯锐对新生代的期盼，更是他一生从始至终践行的承诺。他创立的希尔威金属矿业公司一直秉持“源于社会，回报社会”的价值理念。对于启迪他智慧的母校，他捐赠200万元设立“锐鸣校友奖学金”，鼓励人才培养；对于滋养他成长的祖国，他积极为受困地区修路、办学、赈灾、捐款。他为公益慈善事业所做的贡献有目共睹。

2020年新冠肺炎疫情期间，他带领的希尔威金属矿业公司向祖国捐款人民币150万元。创业所在国的加拿大暴发疫情，希尔威金属矿业公司又向温哥华综合医院和温哥华沿岸卫生局捐赠122箱医疗物资。冯锐悄无声息地为全球抗击疫情助力了中国力量。

一代人有一代人的使命。大江大河奔流向东，是任何暗礁都无法阻挡的。人生亦是如此。为什么是冯锐？因为他顺时代之势，把握时机，行远自迩，敢为人先。

（**文字** 毕冉 景嘉妮 丁苗苗）

—— / 李小雪 / ——

曾经，她是武汉志愿者；现在，她是石家庄志愿者

石家庄市开始进行第二次全民核酸检测，在现场，活跃着无数身穿红马甲的志愿者身影，其中也包括裕华区美苑社区的志愿者李小雪。2020年初武汉疫情期间，她曾经滞留武汉，成为了一名志愿者。如今，石家庄疫情突如其来，她又一次穿上了红马甲。

李小雪是湖北随州人，2013年从中国地质大学（武汉）硕士研究生毕业后，入职河北省电力设计院，从此定居石家庄。2020年1月20日，她接到电话得知武汉的亲戚病危，可是紧赶慢赶，李小雪还是没能见到亲人最后一面。亲戚离世，武汉封城，作为一名普通人，她经历了亲人离世的悲伤和武汉封城初期的惊慌。但作为一名有13年党龄的老党员，尽管家不在武汉，李小雪还是选择挺身而出，报名参与志愿者工作。她说："我作为一名党员，这场战争中，我必须站到一线，站到前面，为后面的群众遮风挡雨。"

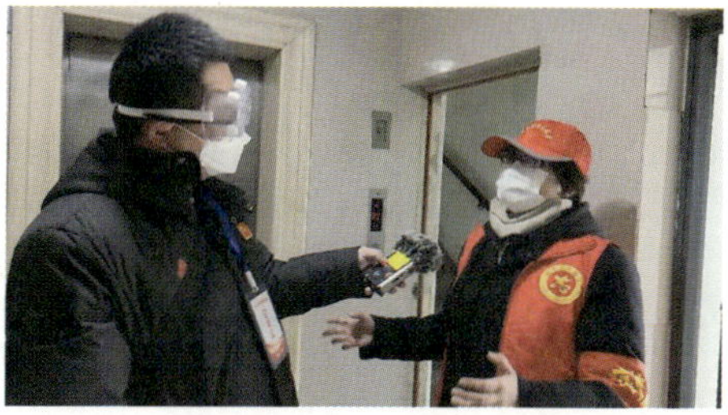

▲ 李小雪在接受采访

李小雪所负责的单元是全小区楼层最高、住户最多的。在小区防控点，她是负责的守门人，尽心尽力；在所负责的单元，她是贴心的帮扶者，帮助重点帮扶对象买药买菜，送货到家；在小区微信群里，她又是防疫政策的宣传员，解疑释惑，不厌其烦。

李小雪说："有一位老人找到我们，说他有一种特别需要的药，但是药店里面都买不着。当时我在门口值岗，他跟我联系，我也向社区申请，在汉阳区跑了很多个门诊点，地图上能搜到的、周边的大概跑了十几个，才买到那种药。虽然我们可以和老人说，因为疫情确实买不到那种药，但我想必须再找一找、再试一试。"

李小雪与社区工作人员、物业人员、其他志愿者一起构筑起了群防群控的防线，她所在的小区最终被评为汉阳区第四批无疫情小区。武汉封城时，只有亲戚认识她，而当她离开时，"小雪党员"的名字已经传遍了小区，重点帮扶的老人含泪送别，并肩战斗的战友约好来日再相聚。

李小雪说："在武汉一直待了两个半月，在这个过程中，我觉着作为志愿者，能够帮助到他人，很幸福也很自豪。因为，在这场战争中，我不是逃兵，我是前线的战士。"

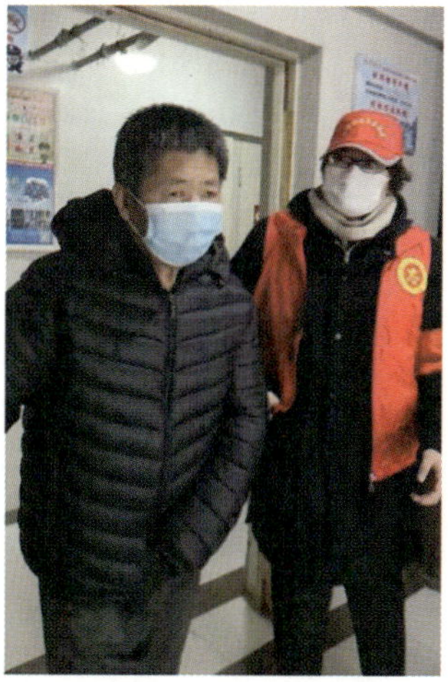

▲ 李小雪在抗疫一线

2021年1月3日，石家庄公布了首例确诊病例，1月6日起，石家庄对全市所有社区、农村实行闭环管控，李小雪仿佛听到了召唤的号角，她又一次报名，成为了一名志愿者。

李小雪说："我在武汉的时候，也感受到了来自河北家人的关心和关怀，无论是工作单位的同事还是社区的同志，都特别关心我。因此，这次石家庄新冠肺炎疫情一出现，我首先想到的是我是一名党员，我必须得冲到前面，在武汉当过志愿者有一定的经验，所以我也必须站出来。"

再一次穿上红马甲，李小雪每天同社区工作人员一起奋战在疫情防控的第一线。石家庄市裕华区美苑社区党支部副书记张玲说，李小雪经常能够提出各种建议，她在武汉的抗疫经验起到了重要的作用。

这一次，李小雪收到了来自武汉的关爱，她曾经帮扶过的婆婆关切地询问，曾经并肩战斗过的战友为她加油鼓劲。她说，湖北、河北都是我们的家，都需要我们去守护。

李小雪说："我们石家庄的人民非常配合志愿者工作，我自己也在志愿者的群里面，每天都能看到越来越多的人加入志愿者的队伍。很多人一进群就问，看我们能做点什么？我相信这种志愿者精神在我们这次战役中能发挥更大的作用，我也相信我们这一次一定能打个漂亮的大胜仗。"

（图文转自河北综合广播官微）

——/张　犇、孔耀祖/——
就业事迹入选"全国大学生就业创业典型人物事迹"

2021年，由全国高等学校学生信息咨询与就业指导中心组织开展的第三届"闪亮的日子——青春该有的模样"大学生就业创业人物事迹宣传报道活动评选结果出炉，学校校友张犇、孔耀祖就业事迹入选"全国大学生就业创业典型人物事迹"。

张犇：怀揣从军梦想　坚定献身国防

张犇是学校工程学院2018届本科毕业生，毕业当年参军入伍服役至今。大学期间，张犇入选学校英才工程“将军计划”，曾获得“校级优秀国防生”“校级优秀共青团干部”“校级优秀毕业生”“武汉3+1篮球联赛冠军”等荣誉。

▲ 张犇(一排左七)参加庆祝中华人民共和国成立70周年国庆阅兵活动

他是严格的教官，3次参与本校新生军训，带领学院方队取得优异成绩，获得“优秀教官”称号；他是“拼命三郎”，曾任学校国防生模拟营副营长、教导员，带头扎实锤炼技能，连续两年获得校级“优秀国防生”表彰和一等校长奖章；他是一名军人，矢志不渝献身国防，刻苦努力训练，在天安门广场光荣接受检阅。

怀着对部队的向往和对军人的崇敬，张犇毕业后毅然踏上了“投笔从戎、献身国防”的追梦之旅，其间多次参与部队集训并获评“优秀学员”与“训练标兵”称号。为了更好地投身新时代强军征程建设，他始终不忘初心，坚守着作为一名军人的职责。在参加国庆阅兵选拔集训时，他始终按照“差一毫秒就是失误，错一毫米就是失败”的标准严格要求自己，强忍肌肉拉伤、脚踝肿胀之痛和结膜炎带来的伤痛困扰，全勤参训，勇当排头，精益求精，发扬“困难面前有我们，我们面前没困难”的优良作风，最终在2019年参加庆祝中华人民共和国成立70周年国庆阅兵活动时，荣获方队“训练标兵”、个人嘉奖、主席嘉奖令和国庆阅兵勋章等表彰。

孔耀祖：上下求索十余载　初心无悔弄“泥沙”

孔耀祖是工程学院2017届博士毕业生。现为武汉中地大非开挖研究院有限公司法人、总经理。他专注于非开挖技术的研究和推广，自主开发的泥浆技术和产品被应用到西气东输工程和港珠澳大桥工程等大国工程；团队所研发的“原位喷筑法非开挖修复技术”一经推出就成为非开挖修复领域同类技术的第一品牌。此前因经营不善导致公司倒闭，但

▲ 孔耀祖(中间)在管道工程与非开挖技术国际研讨会上进行产品推介

他没有倒下而是选择重新开始，专注技术创新的他让公司在非开挖行业站稳脚跟。

由于非开挖核心技术被美国公司垄断，因而他放弃寻求美方技术授权的幻想，决定自力更生，所研发的自主品牌的内衬材料“砼盾非开挖修复砂浆 H－70“破茧”而出。他主编中国工程建设标准化协会标准《检查井离心浇筑灰浆内衬修复技术规程》，参编国家行业标准《城镇排水管道非开挖修复更新工程技术规程》、中国工程建设标准化协会标准《水平定向钻管道穿越工程技术规程》等6部，参编专业著作2部；获国家发明专利10多项；入选武汉市第十一批“3551”人才计划；获湖北省科技进步一等奖、2017年创青春湖北省大学生创业大赛二等奖、校级优秀硕士论文等荣誉。

从创业追随者到自主创业者，孔耀祖饱尝创业的艰辛与快乐；从创新配方到打破技术垄断，他在“泥沙”里玩出了匠心匠艺。在创业的道路上摸爬滚打十余年，陷过公司经营不善的窘境，尝过技术受制于人的无奈，他重整旗鼓，靠着自己的一股拼劲，钻研技术、拓展市场，再辟新天地。

（**地大新闻网讯　通讯员**　刘志兴　彭鑫）

——/ 科摩罗校友阿拉丁 /——
离开我最爱的地大时，我流泪了

不同于气候多变、樱花盛开的武汉，位于非洲东侧，印度洋西部岛国科摩罗正处于高温炎热的气候。科摩罗大学地质和环境学院老师阿拉丁正忙于他的教学工作。阿拉丁于2012年来到中国，在中国地质大学（武汉）石油与天然气工程专业攻读硕士学位。2020年博士毕业后，阿拉丁怀揣着这几年在中国学习到的专业知识与心中的梦想，回到了他的祖国科摩罗。

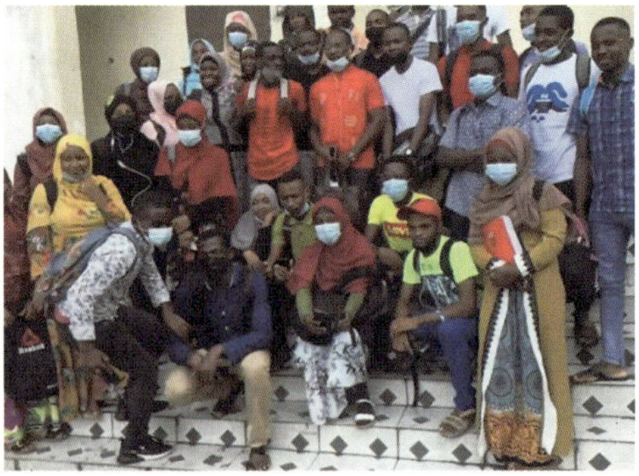
▲ 阿拉丁(二排右五穿红色唐装)与学生合影

谈起科摩罗，阿拉丁自豪地介绍起

他的祖国的点点滴滴。他说:“我的祖国科摩罗是一个岛国,由位于印度洋上的4个岛组成。”此外,阿拉丁还自豪地说道,“科摩罗是一个美丽的国家,景色十分优美,周围都是海,海鲜比较多,又新鲜又好吃。”

在一起开口说中国话的感觉特别棒

对于在中国的生活,阿拉丁恋恋不舍,言语中透露着对中国的万般思念。他刚来武汉的时候很孤独,感觉很陌生,不同的环境、不同的语言、不同的天气、不同的食物,让他感到非常不习惯。但是,阿拉丁很欣慰地提到,地大给他提供了很好的学习环境,中国人也十分友好,慢慢地他便适应了在武汉的生活。

在中国生活了近10年的阿拉丁,能够说一口流利的中文,他是同学和老师们眼中的“中国通”。其实科摩罗的官方语言是法语和阿拉伯语,阿拉丁从初中才开始学习英语,刚来到中国时,他的英语水平并不理想,但在地大他认识了许多同学,每天和他们一起用英语和汉语沟通聊天,水平便渐渐提高了。阿拉丁坦言,刚开始学汉语时,感觉特别难,学不会,甚至想放弃,但是当他和别人交谈,流利地说出第一句标准的汉语时,那种感觉真的特别棒。

在武汉我有了很多第一次

在中国生活时,因为开会、学习、出差等任务,阿拉丁去过许多城市,如广州、北京、上海等,但他仍笃定地说,武汉是他最爱的城市,在武汉他感觉很舒服、很安全,对武汉这座城市有着深厚的感情。他在武汉认识了很多中国朋友和外国朋友,也有了很多第一次:第一次说中国话,第一次看到雪,第一次吃热干面,第一次用筷子,第一次感觉自己和别人不一样。

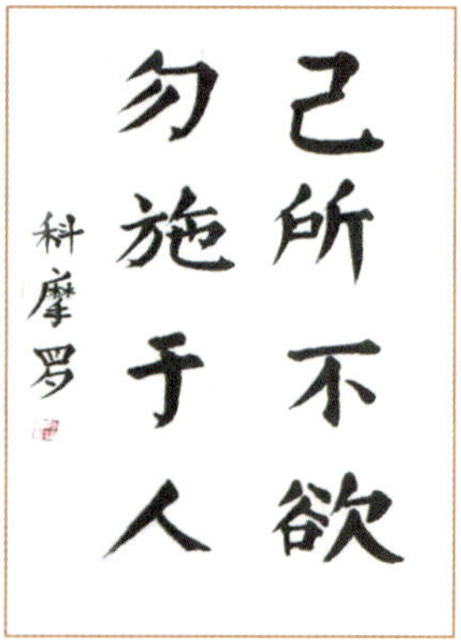

▲ 阿拉丁的书法作品

在地大求学时,除了固定的课程和实验外,阿拉丁每天的生活都是丰富多彩的。他特别喜欢运动,一般周末的时候会和朋友们出去踢球、打排球等。他也很喜欢中国的舞龙,以前还参加过国际教育学院的舞龙队。值得一提的是,阿拉丁不仅中文说得特别好,还特别喜欢中国的书法。

离开中国时,带不走可爱的他们

俗话说,一日为师,终身为父。阿拉丁说他最爱的导师是资源学院的姚光庆教授,姚老师把他当作儿子一样教导,对他非常好。疫情刚刚开始的时候,姚老师很担心他,天天打电话关心他的饮食起居。那时候因为不能见面,他们就在网上讨论他的毕业论文。当阿拉丁拿到自己的博士研究生毕业证书时,第一个想要感谢的就是导师姚光庆教授。在姚老师的指导下,他发表了一篇国际期刊论文。他一直强调,能从地大顺利地完成博士学业离不开姚老师给予的指导和帮助。

阿拉丁还提到了在地大学习时,帮助过他的老师和同学,他们都是阿拉丁人生中不可或缺的一部分。他说,国际教育学院的老师们,给所有的留学生提供了很好的学习环境和平台,他们是最棒的。

阿拉丁坦言:“登上飞机的那一刻,我真的很舍不得离开中国。我在中国生活近10年,中国已经成了我的第二故乡。离开我最爱的地大时,我流泪了,我带不走可爱的同学们和老师们,能带走的只有深深的不舍和牵挂。”

▲ 阿拉丁和导师姚光庆教授的合影

▲ 阿拉丁博士纪念照

感谢伟大的中国

回想起去年中国爆发的新冠肺炎疫情,阿拉丁感慨道:“疫情发生的时候我在武汉,我主动告诉老师,我要代表我的国家为中国加油。中国是科摩罗的真朋友、

▲ 阿拉丁在丹桂国际文化节接受记者采访

▲ 2012年阿拉丁参加“留动中国”比赛时获奖

真兄弟，疫情期间中国政府为科摩罗人民提供了很大的帮助。我真的十分感动，感谢伟大的中国。”

（**文字** 叶浩然 图文由国际教育学院提供）

致敬劳动者，地大6位校友荣获“2021年全国五一劳动奖章”

2021年4月27日，中华全国总工会发布《关于表彰2021年全国五一劳动奖和全国工人先锋号的决定》。

为进一步增强新时代工人阶级的自豪感和使命感，营造劳动光荣、知识崇高、人才宝贵、创造伟大的社会风尚，中华全国总工会决定，授予北京首钢建设投资有限公司等397个单位“全国五一劳动奖状”，授予王海福等1197名职工“全国五一劳动奖章”，授予北京中医药大学援鄂医疗队等1297个集体“全国工人先锋号”称号。

中国地质大学地质力学专业1987届陈行时校友、水文与水资源工程2009届刘佳伟校友、环境工程专业2006届硕士毕业生徐方校友、地质工程专业2009届王杜江校友、地质工程专业2017届硕士毕业生梅金华校友、市场营销专业2007届熊伟校友获得“2021年全国五一劳动奖章”。

此前，徐方、王杜江、熊伟3位校友在2020年度中国地质大学优秀青年校友评选工作中获得“2020年度中国地质大学优秀青年校友”荣誉称号。

陈行时，地质力学专业1987届校友，黑龙江省自然资源调查院专业技术人员，研究员级高级工程师，参加工作30余年来，主持国家级重要矿产勘查项目18项、省级项目16项，率领技术团队共发现宁安英城子岩金矿、大兴安岭呼中碧水铅锌矿、下嘎啦奥伊河铁铅锌银矿、嫩江永新金矿等大、中、小矿床、矿点17处，在大兴安岭呼中地区一系列矿床的发现实现了德尔布干成矿带的重要找矿突破。他所带领的多个技术团队荣获国土资源科学技术奖及黑龙江省科学技术进步奖等20多项各级各类奖项，主持完成主要专业报告及专著30多部。

▲ 陈行时

刘佳伟，水文与水资源工程专业2009届校友，浙江省有色金属地质勘查局勘测公司规划设计所所长，工程师，主要从事地质灾害防治和岩土工程勘察设计等相关工作，同时担任自然资源部浙江新昌野外科学观测研究基地滑坡机理研究小组组长及科普小组组长、青年英才工作室带头人。2015年浙江长兴“金钉子”标准地质剖面遭受了地质灾害和风化侵蚀的破坏和威胁，刘佳伟负责编制的治理修复方案为保护这一地质遗产做出重要贡献。作为浙江省绍兴市地灾应急防治专家组成员，每年“台汛”“梅讯”期间，刘佳伟都奔波在辖区内地质灾害应急第一线，参与重大地质灾害应急抢险工作。

▲ 刘佳伟

徐方，环境工程专业2006届校友（硕士），天津市地质环境监测总站职工，高级工程师，先后参加天津市中心城区地下空间资

▲ 徐方

源评价等3个项目。2016年开始，徐方积极转型参加中国地质调查局关于京津冀地区环境地质调查、地质环境监测以及资源环境承载能力评价等方面的工作，为规划建设区的经济建设、国土空间开发利用、生态文明建设与新型城镇化建设提供技术支撑，成果数据被纳入京津冀地质环境信息系统建设与综合评价系统。他曾先后获"天津市地矿局优秀共产党员""第一届野外青年地质贡献奖"等荣誉。

王杜江，地质工程专业2009届校友，中铁第一勘察设计院集团有限公司川藏铁路地质专家，工程师，从业9年间，连续担任包头环线、关中城际铁路、广佛江珠城际铁路、延安至榆林高铁等多地区、多类型国家重点项目的地质专业负责人。他求真务实，实践创新，完成了各项勘测、设计任务，是勇挑重担、善于冲锋的铁路地质专业业务骨干，获得各类省部级勘察、技术奖4项，曾获得铁一院"青年岗位能手""先进生产个人""中国铁建劳动模范""全国青年岗位能手标兵"等荣誉称号。

梅金华（女，土家族），地质工程（环境）专业2017届校友（硕士），湖南省自然资源事务中心副部长（正科级），研究员级高级工程师。她是湖南省地质环境恢复治理、生态修复、绿色矿山建设领域技术带头人，近些年主持科研项目7个，开展省部级项目30余项，出版专著5本，编制了《矿山地质环境保护与恢复治理验收标准》（DB 43/T 1393—2018）等4个地方标准。20多年来，"白+黑""5+2"的工作模式是她的工作常态，她曾为赶任务连续2个月吃喝都在办公室，不分昼夜完成湖南省山水林田湖草生态保护修复试点工程申报工作，为构建全省地质灾害防治和生态修复理论体系、建设平安湖南做出了重要贡献，曾两次获部级优秀成果奖，两次获部级科技进步奖。

▲ 王杜江

▲ 梅金华

熊伟，市场营销专业2007届校友，河

南羚锐制药股份有限公司董事长兼总经理。他坚持创新驱动，加大产品研发投入力度，推动企业持续健康发展。他热心公益扶贫，大力发展中药材种植特色扶贫产业，带动种植户每年增收4000元以上，持续依托羚锐老区扶贫帮困基金会，扶贫济困、捐资助学，累计捐款赠物金额达6000余万元。他践行社会责任，在新冠肺炎疫情发生后，带领企业在较短时间内实现产能全面恢复，同时向武汉、麻城等全国多地捐赠防疫一线物资和资金800余万元。熊伟曾获“中国农村青年致富带头人标兵”“全国优秀工会积极分子”等荣誉称号。

▲ 熊伟

据悉，“全国五一劳动奖章”和“全国五一劳动奖状”是中华全国总工会授予在中国特色社会主义社会建设中做出突出贡献的劳动者和企事业单位、机关团体的光荣称号，是中国工人阶级最高奖项之一。

值此五一劳动节来临之际，向以陈行时校友、刘佳伟校友、徐方校友、王杜江校友、梅金华校友、熊伟校友为代表的广大劳动者们致以节日的问候和崇高的敬意！致敬，劳动者！

（**文字** 丁苗苗 庞伟红 图片由校友本人提供）

熊友辉校友获“武汉市优秀共产党员”荣誉称号

2021年6月29日，武汉市“两优一先”表彰大会举行。武汉四方光电股份有限公司党总支书记、董事长，中国地质大学校友熊友辉荣获“武汉市优秀共产党员”荣誉称号。他表示，作为一名共产党员，只要下定决心，就没有攻克不下的科技难关。

校友熊友辉，1971年出生，汉族，中共党员，博士，教授级高级工程师，湖北省有突出贡献中青年专家，毕业于中国地质大学（武汉）资源学院煤田矿产勘查专业，现任武汉四方光电股份有限公司董事长兼总经理、中国科学技术协会九大代表。获得2018年国务院政府特殊津贴，主持国家级、省部级项目30余项；获专利

80项，其中湖北省专利奖项1项。

在中国共产党成立100周年之际，向以熊友辉校友为代表的优秀共产党员校友们致敬！

"张弥曼星"：以地大人命名的小行星闪耀太空

浩瀚星空中又新添一颗中国科学家星——以中国古生物学家张弥曼院士命名的小行星："张弥曼星"。

2021年7月2日从中国科学院古脊椎动物与古人类研究所获悉，国际小行星命名委员会已发布公告，将中国科学院紫金山天文台发现的、国际编号为347336号小行星正式命名为"张弥曼星"，以表彰中国四足动物起源研究的奠基者张弥曼院士，她为早期脊椎动物演化研究做出了革命性变化的重要贡献。

据了解，今年85岁的张弥曼院士长期从事比较形态学、古鱼类学、中生代晚期及新生代地层、古地理学及生物进化论的研究。

她曾任中国科学院古脊椎动物与古人类研究所所长、国际古生物协会主席、中国古生物学会理事长等职，还被选为伦敦林奈学会外籍会员、北美古脊椎动物学会名誉会员等。

2018年，张弥曼院士荣获"世界杰出女科学家奖"。她还因卓越科研成就荣获2018年度何梁何利基金"科学与技术成就奖"，2020年12月被何梁何利基金会推荐为国际小行星命名的候选人，2021年5月获得批准。

▲ 中国科学院古脊椎动物与古人类研究所研究员张弥曼（左）

▲ 张弥曼获"世界杰出女科学家奖"时致辞（2018年，法国巴黎）

张弥曼，1936年生于江苏南京，籍贯浙江嵊县。1953年考入北京地质学院（现中国地质大学），1960年毕业于苏联莫斯科大学地质系，1982年获瑞典斯德哥尔摩大学博士学位，1991年当选中国科学院院士。

在地质人才的“摇篮”，张弥曼院士为年轻一代攀登科研高峰鼓劲加油。

（图文转自新华社微信公众号）

——/ 龚树毅 /——

初心风雨不改　恩重报以琼瑶

“一九四七年的年底，李四光接到国际地质学会寄给他的通知，邀请他出席即将于一九四八年夏天，在英国伦敦举行的第十八届大会，照例要他在大会上宣读论文，发表他这些年的科学成果……”1977年，这篇由徐迟着墨，发表在《人民文学》的报告文学《地质之光》将国内许多青年的目光引向地质界。地质学泰斗李四光老前辈的生平事迹，震撼了在读高中的龚树毅，抱着对李四光前辈的敬佩，他选择了武汉地质学院（简称“武汉地院”），成为了武汉地院金属物探专业的一名学生。

迈进地大：心无旁骛，珍惜韶华

刚入校，龚树毅就感受到了武汉地院的红色基因与钢铁般的精神。

他听朱见香老院长讲述了他在长征途中仍坚持学习文化知识的事迹。朱见香同志是党的好战士，他带领机枪连全程参加了红二方面军的长征，并亲历了红军三大主力的胜利会师，曾多次在战斗中受伤。老前辈的故事更坚定了年轻的龚树毅通过学习科学文化知识，提升自己、服务社会的信念。

为学如登万仞山，欲临胜景莫畏难。龚树毅的少儿时期正值“文化大革命”，10岁后他才在好心人的帮助下上了学，这也使他更珍惜在校读书的时光。他珍惜韶华，认真学习，也注重综合素质的培养，课余时间经常踢球、在图书馆看书。除了学习本专业的知识，他也对其他学科的基础知识有着广泛的兴趣，经常阅读文史类的书籍，希望通过全面学习提高自己对是非问题的判断能力。

“如果说，我离开母校近40年还有那么点成绩的话，全部得益于母校的培养。

在这里，我养成了良好的生活、学习和工作习惯，学会了科学研究的基本方法，具备了一个自然科学工作者的基本素养。”谈到母校对自己的影响，龚树毅诚挚表达了对母校培育的感谢。在重要的本科阶段，他像海绵吸水一样汲取知识，惜时如金、孜孜不倦，努力做到又博又专、愈博愈专。脚踏实地的积累为他之后的人生路垫稳了基石。

走向社会：创业维艰，行稳致远

一路走来，龚树毅“不忘初心，始终如一”。毕业后的龚树毅尝试过许多工作，从过政、创过业，但始终坚持在自己专业领域内探索，并始终坚持走在前列。在野外队工作的新三届毕业生里，龚树毅是较早一批在学报《地球科学》发表论文的。他于1992年晋升高级工程师，也先于同期大多数学生。

“抓住机遇，果断抉择”则是龚树毅的另一个标签。2000年前后，我国环保事业步入快车道。龚树毅在深圳工作期间，接触到了一些环保类工程的管理工作，敏锐意识到在设计单位和施工单位之间缺乏一些有机连接的机制。“施工单位不懂水处理工艺，不能很好地理解设计思想；而设计单位对现场施工又不太了解，工作中容易出错。于是我开始思考如何在两者之间建立一个纽带。”龚树毅说。坐而论道不如起而行之，他在2003年开始落实自己的构想，原本只是想成立一间咨询服务的工作室，不承想一开张就被业主当成了代建商，加上在工作中了解到当时全国的水污染普遍非常严重，从而意识到污水处理大有可为，龚树毅做出了一个决定：辞去原有的稳定工作，在2005年成立深圳市佳霖源水务公司，专注水处理。而这条路一走就是近10年，龚树毅也用行动和成绩证明了他的决定没有错。目前，龚树毅的公司每年研发投入200万～300万元，主要用于降低特殊废水处理成本的试验研究和现有污水厂工艺优化与前馈控制模拟软件的研制。

▲ 龚树毅（前排左一）陪同县市领导在青吉污水厂指导工作

通往光明的道路必然充满曲折，龚

树毅的创业之路也并非一片坦途，甚至是荆棘丛生。2008年，湖南怀化一个工业废水项目令他记忆深刻。项目承接时承诺的处理成本是根据化验室小试结果确定的，而项目承接后的中试试验结果却不理想。历时近1年，团队人员两次调整了工艺路线，中试结果都未达到预期目标。现实和心理的双重压力让他几欲放弃，但就在这紧要关头，原先设计的辅助工艺段却取得了突破，柳暗花明又一村，最终项目运行成本低，处理效果好。

▲ 龚树毅主持青吉污水厂提标改造工程竣工验收会

“无论做什么，一定要脚踏实地。”这是龚树毅对学弟学妹的忠告。在他看来踏实是一项十分重要的品质。龚树毅走向社会的每一步，皆踩在实地上。创业之路复杂，尽管有时斥资百万元进行实验，还要承担不成功的风险，但他认为：“既然是做试验，当然可能会出现不成功的情况，但不成功也是一种成果，说明现有的试验计划甚至试验方向出现了偏差，这也为今后找到正确方案打下了基础。”大胆试错是为了更稳定地发展，行稳方能致远。

回馈母校：赤子之心，璞玉浑金

自己淋过雨，所以想为别人撑把伞。龚树毅的求学之路可谓坎坷。“文化大革命”期间，他的原生家庭生活异常艰难。10岁以后，他才有机会上学。一路走来他得到了不少来自母校和社会的帮助。“我对那种有学不能上的痛苦刻骨铭心，而我能够在社会立足，全赖母校培养，回馈母校，帮助需要帮助的人，是应该的。”龚树毅如是说。

“投我以木桃，报之以琼瑶”，秉持感恩回报之心，自2016年起，龚树毅领导的湖北公安佳源水务有限公司每年向中国地质大学（武汉）捐赠40万元，资助30名本科贫困生和8名从事基础研究的博士生，将连续捐赠25年，共计1000万元整，共扶助950名有志青年学子。

龚树毅校友心怀母校，有大爱，担道义。李四光先生的光辉事迹引他迈进地大，本科阶段知识的熏陶和精神的培育让他与地大更紧密相连。走向社会，他不忘初心，务实做事，将心比心。回到母校，他慷慨捐款，资助贫困学生，推己及人，不让优秀学子在学习之路上被贫困绊倒。地大的精神特质早已熔铸在他学习、工作、生活的方方面面，永不割舍。

（**地大新闻网讯　通讯员**　景嘉妮　毕冉）

两位校友获第十七次李四光地质科学奖

2021年10月26日，第十七次李四光地质科学奖颁奖大会在北京举行，唐文春校友、云露校友获得李四光地质科学奖野外奖。

唐文春2008年毕业于地大地球化学系，获博士学位。1984年至今在四川省地质矿产勘查开发局化探队工作，现任总工程师，长期从事矿产勘查和基础地质工作。他带领团队在阿坝州可尔因地区建立了“构造－岩浆－流体耦合的伟晶岩大脉”成矿模式，探明了4处大型及超大型锂矿床，累计查明新增氧化锂资源储量超过170万t；通过川西北高寒草原区超微细金矿化探方法试验及找矿靶区研究，发现并评价了新康猫超大型金矿产地；提出了“五位一体耦合”的找矿思路，推动平武银厂金矿深部找矿资源储量大幅增加；发现大型新类型稀散金属铼、硒矿产地和超大型石墨矿普查基地；主持或主要参与完成的1∶20万、1∶5万区域化探和区域地质调查等国家基础地质调查面积超过16万km^2。他发表论文26篇，获省部级科技成果一等奖4项，入选“第十二批四川省学术和技术带头人”，获四川省“五一劳动奖章”“全国先进工作者”荣誉称号。

▲ 唐文春校友

▲ 云露校友

云露1994年、1997年毕业于地大石油地质系，1997年至今在中国石化西北油田分公司工作，现任副总经理、总地质师，长期致力于塔里木盆地油气勘探工作。他指出多期岩溶是塔北古隆起奥陶系碳酸盐岩储集体发育的主控因素，长期发育的古隆起是油气运移、聚集成藏的有利部位，创新性提出的“岩溶缝洞型”新油气藏类型对快速探明塔河油田储量起到重要作用。在顺北油气田勘探过程中，他提出断控缝洞型储集体新类型，明确定义“断控缝洞型圈闭和油气藏”新类型，建立了“多期供烃、垂向输导、晚期成藏、走滑控富”油气成藏模式，为我国首个超深碳酸盐岩断控缝洞型油气田——顺北油气田的发现做出重要贡献。他出版专著1部，在SCI、EI期刊上发表论文27篇，获国家科技进步一等奖1项、省部级科技进步一等奖5项，获得“中石化突出贡献专家”称号并获得中石化科技功勋奖、第七届黄汲清青年地质科技奖、第九届青年地质科技奖银锤奖、第十九届孙越琦青年科技奖等荣誉。

据悉，此次共有15人获第十七次李四光地质科学奖，其中野外奖8名、科研奖5名、教师奖2名。李四光地质科学奖是面向全国地质科技工作者的最高层次地质科学奖，是推动地质科技创新、培养杰出地质人才的重要平台，从1989年至今已评选出268位获奖者，先后有62位中国科学院、中国工程院院士荣膺该奖项，其中36位获奖者是在获李四光地质科学奖后当选两院院士。

（地大新闻网讯 通讯员 丁苗苗）

周琦校友团队获“全国杰出专业技术人才先进集体”表彰

2021年10月28日，第六届全国杰出专业技术人才表彰会在北京召开。学校校友、贵州省地质矿产勘查开发局（简称“贵州省地矿局”）首席科学家周琦率领的锰矿资源预测评价科技创新人才团队获“全国杰出专业技术人才先进集体”表彰。

周琦校友是学校2003届地质找矿及测量专业工程硕士毕业生、2008届古生物学与地层学专业博士毕业生。锰矿资源预测评价科技创新人才团队是贵州省地矿局与学校在长期产学研协同创新过程中共同建设和形成的，是双方合作创新实践的重要成果。2009年和2013年，双方签署战略合作协议和深化合作协议，多年来双方以合作项目为

▲ 周琦校友

纽带，以院士、博士后工作站为载体，瞄准紧缺矿产找矿突破这一国家战略，充分发挥各自优势，强化人才培养力度，开展技术合作，在贵州优势矿产资源勘查尤其是锰矿资源找矿预测评价中取得了突出成绩。锰矿资源预测评价科技创新人才团队核心成员包括学校杜远生、吴冲龙、胡祥云等在内的多位学者和专家。

据悉，全国杰出专业技术人才表彰活动每5年举办一次，今年共有93名全国杰出专业技术人才和97个专业技术人才先进集体获得表彰。

（**地大新闻网讯 通讯员** 丁苗苗）

陈海校友受聘公共管理学院兼职教授

2021年10月28日，广西校友会会长、广西榜样矿业集团董事长陈海兼职教授聘任仪式在公共管理学院举行。校友与社会合作处处长陈华荣、副处长胡肖，公共管理学院党委书记张宽裕、院长胡守庚，学院领导、教授、学生代表参加了聘任仪式。聘任仪式由公共管理学院副院长王忠主持。

在校友总会秘书处的见证下，陈海博士从公共管理学院院长胡守庚教授手中接过聘书，荣任公共管理学院兼职教授。

胡守庚向陈海教授一行介绍了学院的发展历程、人才培养、学科建设、师资力量和"十四五"发展规划等情况，并对陈海校友一行表示热烈欢迎。

张宽裕说，聘任陈海先生作为兼职教授，进一步充实壮大了学院教师队伍，为推动本科和研究生教学改革创新迈出了重要一步。希望陈海教授充分发挥自身的优势和影响力，在学院教学与研究中起到纽带作用，共享优质资源，实现双方共赢。

▲ 公共管理学院院长胡守庚（左）向陈海（右）颁发聘书

陈海说，成为母校兼职教授是荣誉，更是责任。他表示，事业发展的动力源于母校，将积极发挥作用，配合做好教学授课、研究生指导等工作，努力搭建校地沟通桥梁，积极为学校的事业发展和人才培养添砖加瓦。

与会人员就学院学科建设、人才培养、校地合作等方面进行了深入的探讨和交流。

（**地大新闻网讯　通讯员**　方芳）

地大校友马永生任中国石化集团有限公司董事长、党组书记

2021年，从中国石油化工集团有限公司（简称“中石化”）获悉，学校地质系1984届校友、中国工程院院士马永生任中国石油化工集团有限公司董事长、党组书记。

马永生，1961年出生于内蒙古，1984年毕业于北京地质学院地质系，获学士学位；1987年毕业于学校研究生院，获理学硕士学位；1990年毕业于中国地质科学院，获理学博士学位。他是沉积学家、石油地质学家，是海相碳酸盐岩油气勘探理论研究的开拓者，也是我国普光气田、元坝气田的主要发现者。他在长期的油气勘探理论研究和生产实践过程中，取得了一系列重大创新成果，为促进我国石油行业发展、保障国家油气安全做出了重要贡献。

▲ 马永生校友

2017年1月起，马永生任中石化党组成员，是第十三届全国政协委员。2017年7月27日，为表彰马永生院士在油气勘探理论研究和生产实践领域的重要贡献，经何梁何利基金评选委员会推荐、中国科学院紫金山天文台申请，国际小行星中心命名委员会批准：国际编号为210292号的小行星正式命名为“马永生星”。2018年8月4日，马永生到周口店实习基地看望师生，并作主题报告。2018年10月，马永生任中石化总裁，2019年4月担任中石化董事长、总经理，党组副书记。

中石化目前是中国最大的成品油和石化产品供应商、第二大油气生产商，是世界第一大炼油公司、第二大化工公司，加油站总数排名位居世界第二。

（**地大新闻网讯　文字**　庞伟红　丁苗苗）

祝贺！5位地大人当选两院院士

2021年11月18日，中国科学院和中国工程院公布了2021年新增院士名单，5位地大人当选两院院士。中国地质大学谢树成教授、邓军教授当选中国科学院院士，中国地质大学孙友宏教授当选中国工程院院士，学校校友、中国海洋石油集团公司首席科学家、教授级高级工程师谢玉洪当选中国工程院院士，学校校友、中国科学院古脊椎动物与古人类研究所朱敏研究员当选中国科学院院士。

中国科学院院士
谢树成

谢树成教授是国际地球生物学会理事会成员、海洋负排放国际科学计划工作组成员、国务院学位委员会地质学科评议组召集人、中国古生物学会地球生物学分会理事长、中国第四纪科学研究会生物地球化学循环专业委员会主任。他于2005年获得国家杰出青年科学基金资助，2010年获得“全国优秀科技工作者”称号。他以首席科学家身份先后主持了“973”计划项目、国家重点研发计划项目、国家创新研究群体项目和“111”计划项目。

围绕地质时期微生物这一地质学难题，他形成了从技术方法创新到理论认识突破再到新学科拓展的系统创新链。他对地质微生物脂类的仪器分析与数据表征方法进行创新，建立了示踪古气候古环境的一系列原创性地质微生物指标。在陆地上，他利用这些指标发现了中国东部800万年以来不同时间尺度的干湿古气候三极模态的空间变化规律，被*Science*期刊评述为“对理解过去和未来东亚夏季风做出了多方面的重要贡献”。在海洋里，他发现了2.5亿年前最严重的动物大灭绝发生时一些地质微生物出现的两幕爆发事件，被《自然·中国》以“灭绝理论：两幕式”为题进行亮点评述。他通过地质微生物的创新性工作，带动地球生物学这一新交叉学科在我国快速发展，中国因此被国际著名学者评为“是发展地球生物学的一支国际领导力量”。他完成的研究成果以第一作者或通讯作者身份发表在*Nature*和*Science*上，连续7年入选爱思唯尔中国高被引学者榜单，分别以第一和第二作者身份获得国家自然科学二等奖、首届全国创新争先奖。

◆ 中国科学学院院士
邓军

邓军教授2002年1月至今任《现代地质》主编，2004年9月至2015年12月任地质过程与矿产资源国家重点实验室副主任，2006年1月至今任中国地质学会矿床地质专业委员会副主任，2007年9月至今任国际矿床成因学会中国国家委员会副主席，2019年1月至今任《矿石地质综述》副主编，2020年入选国际经济地质学会会士。邓军长期从事矿床学研究，立足胶东半岛和西南三江地区，开展古陆边缘和特提斯域成矿研究，在复合成矿系统理论、金矿成因和勘查预测方面取得系统性创新成果：揭示胶东巨量金来源和超常富集机理，提出新类型；创新性提出“复合成矿系统”模式，揭示复合造山成矿机理；创新矿床预测理论和勘查模型，指导深部找矿获重大突破。获国家科技进步二等奖4项，省部级一等奖3项(排名第一)；出版专著4部(第一作者)，主编国际期刊专辑3部；在SCI期刊上发表论文225篇，入选爱思唯尔中国高被引学者榜单和科睿唯安高被引科学家榜单。

◆ 中国工程院院士
孙友宏

孙友宏教授是我国探矿工程领域学科带头人之一，长期从事探矿工程理论研究、技术创新和装备研发工作。探矿工程是地质与矿产探测中不可或缺的方法，其主要目的是通过钻探手段获取地下连续的地层样品，是实现找矿勘探重大发现、破解科学谜题的最直接途径。他围绕天然气水合物和地球深部探测等国家重大战略需求，开展探矿工程前沿技术攻关，攻克了低温和深孔两大复杂极端环境地层取样的关键难题，取得了系列标志性成果，并用于生产实践，对开拓找矿勘探新领域发挥了重要支撑作用。他主持创建了复杂条件钻采技术自然资源部重点实验室和油页岩地下原位转化与钻采技术国家地方联合工程实验室，拓展了我国钻探技术的应用领域，推动了我国探矿工程的科技进步。

孙友宏教授获国家技术发明二等奖2项、第十三届光华工程科技奖、省部级科技奖励一等奖5项，其研究成果入选教育部“中国高等学校十大科技进展”。他以第一发明人获授权发明专利50余件，以第一作者、通讯作者发表论文110多篇，出版著作3部。

◆ 中国工程院院士
谢玉洪

谢玉洪是中国海洋石油集团有限公司首席科学家，2005年6月毕业于中国地质大学，获理学博士学位，享受国务院政府特殊津贴，曾获李四光地质科学奖、“全国优秀科技工作者”等荣誉。

谢玉洪长期从事海洋油气勘探开发理论技术研究和工程管理实践工作，主持、负责或参与了“九五”至“十三五”国家重大科技项目，主要聚焦海洋边际复杂断块、高温高压、深水和深层等领域油气勘探开发技术研发。他主持创新了高温高压、南海深水、渤海深层等领域油气成藏地质理论，攻克复杂地质地震探测，复杂断块、高温高压及深水钻完井等海洋油气勘探开发瓶颈，创建海洋油气集群化价值勘探开发工程管理体系，实现海洋油气高效勘探开发。组织实施并建成了海上4个标志性工程：高效勘探开发了第一个边际复杂断块油田群、第一个高温高压气田群、第一个深水自营大型气田群和第一个太古界深层大型凝析气田。

◆ 中国科学院院士
朱敏

朱敏现任中国科学院古脊椎动物与古人类研究所研究员、中国科学院脊椎动物演化与人类起源重点实验室主任、《古脊椎动物学报》主编、*Zoologi Letters*和*Palaeoworld*副主编。1984—1987年在武汉地质学院北京研究生部攻读硕士学位，先后在法国巴黎自然历史博物馆、德国柏林自然博物馆（洪堡学者）从事博士后研究工作，曾任中国科学院古脊椎动物与古人类研究所所长、中国古生物学会副理事长、国际地质对比计划IGCP491项目主席。

朱敏研究员是国际知名的古鱼类演化生物学家，主要从事古鱼类演化生物学研究，在解决生命演化中的若干重大难题方面取得了系统性的创新性成果，其中包括颌起源、硬骨鱼纲起源与演化、鱼类登陆等。他在*Nature*、*Science*和*Cell*上发表论文16篇（以第一作者或通讯作者发表的论文有11篇），发表和出版其他论著150余篇（部）。他带领团队不断攻克难关，使我国的早期脊椎动物研究水平居国际前列，相关内容被引入国外权威教科书；领衔研制的多套CT装置在古生物学研究新技术应用中发挥了引领作用；主持创建的“深骨”全球数据库已成为古脊椎动物领域物种数最全的平台。1999年获得国家杰出青年基金资助，2004年入选首批新世纪“百千万人才工程”国家级人选，2016年入选科技部重点领域创新团队负责人。作为第一完成人获得国家自然科学奖二等奖1项，先后获得第六届中国青年五四奖章、中国青年科技奖、中国青年科学家奖以及何梁何利科技进步奖等荣誉。

七秩荣光,逐梦未来!建校近70年来,中国地质大学培养的学生,已有44位评上两院院士,再次祝贺所有新当选院士!

(**地大新闻网讯 记者** 庞伟红 **通讯员** 丁苗苗)

2021年度优秀青年校友专题

——/陈世伟/——
把青春写在祖国的大地上

陈世伟,中国地质大学(武汉)公共管理学院2014届毕业生,现任职于拉萨市达孜区纪委监委,曾就职于西藏自治区拉萨市邮政管理局、西藏自治区拉萨市达孜区唐嘎乡,借调拉萨市达孜区人民政府办公室担任秘书工作。

工作期间获2017、2018年度“拉萨市达孜区优秀公务员”、2017年度“拉萨市达孜区环保工作先进个人”、2017年度“拉萨市达孜区优秀共产党员”称号。

3月,春耕节。这是藏历新年过后最为隆重的、祈愿新一年粮食丰收的传统节日。这天,在属于西藏地区特有的湛蓝天空下,陈世伟,一位长于浙江、学于湖北的年轻人,坐在西藏拉萨的一处田埂上,喝着阿妈给的青稞酒,感受着“人与人之间没有距离的氛围”。

初入西藏　挥洒青春

他说:“西藏,不止是一处神奇的净土。”

是的,西藏不止是一处神奇的净土,还是陈世伟挥洒青春、奉献青春的地方。

▲ 陈世伟在纳木错

2014年,陈世伟从中国地质大学(武汉)公共事业管理专业毕业,响应国家

“西部计划”的号召，带着简单的行李，奔赴这片陌生的高原土地，开始了西藏基层志愿服务工作。初入西藏高原，适应新环境成了首先要面对和克服的问题。西藏地域辽阔，农户居住地分散，部分农户的走访工作可以利用交通工具完成，但更多的农户居住在藏区山沟，走访者需深入山区。背着沉甸甸的慰问品在海拔3700m的高原地区徒步，这对于生在平原地域的小伙子是异常艰难的。但当看到群众收到慰问品时的喜悦，通过走访解决了农户的生活困难时，陈世伟觉得这一切都是值得的！来到西藏后，还有一个令陈世伟头疼的问题就是不懂藏语。语言上的障碍也给他的工作带来了阻力。很长一段时间里，陈世伟都是“摸着石头过河”，和老乡沟通时连比划带猜。在工作之余，陈世伟都会通过视频学习藏语，查阅资料学习宗教政策并通过与藏民交流来了解西藏的风俗文化。在这个缓慢且持久的过程中，陈世伟将自己融入了这方天地。西藏基层工作人员数量不多，碰到工作事务多时，陈世伟就“身兼数职”。在西藏的这6年，陈世伟也从自己的工作、生活中获得了强烈的满足感和成就感。

▲ 陈世伟（右）为藏族人民送慰问品

扎根西藏　建设西部

“西藏带给我的东西，是我留在西藏的原因。”大学时期，陈世伟就积极参加社会实践活动，经过在蔡甸工地、恩施农村的深入实践，陈世伟萌生了“应该去比较贫穷、比较落后的地方施展自己的才华”的想法。学校举办毕业生“西部计划”的宣传讲座，成为陈世伟投身西部建设的契机。怀着对西藏的憧憬，陈世伟下定决心去看一看。在深入西藏基层工作、不断了解西藏的过程中，陈世伟越来越热爱这片土地。

▲ 陈世伟（右二）调研扶贫工作开展情况

扎根西藏的决心，既出自于内心的向往，又缘于国家政策的感召。中央政府对西藏的支援力度逐年增大，藏区经济发展迅速，城市环境、国家政策也为年轻人创造了很多就业、创业机会。好的政策环境不仅增强了陈世伟扎根西藏的信心和决心，也给他提供了自我发展的动力，更为他创造了在基层奉献中实现人生价值的机会。这也是陈世伟和许许多多投身西部建设的人扎根于此的原因。

志愿服务、建设西部，需要源源不断的青年力量。“扎根西部，大有作为！”这是陈世伟亲身的感受，也是他对学弟学妹的鼓励和期待。参加“西部计划”并扎根在祖国最需要的地方，是他的坚守；不断努力适应并找到适合自己且热爱的工作是他的改变。陈世伟笑谈道，一腔热忱还需健康的体魄，只有努力锻炼身体，才能更好地为人民服务。

初心不改 衷心不悔

“我们该做的事情是社会的事情、是国家的事情、是整个民族的事情，而不仅仅局限于个人的事业发展、个人的成就。”陈世伟觉得，人生最重要的事情是把自己的奋斗目标融入国家和民族的命运中。回顾大学时光，大学时期参与的志愿服务工作让他更深刻地了解和适应社会，也为后来他所从事的基层工作带来了重要的影响。

“特别能吃苦、特别能战斗、特别能忍耐、特别能团结、特别能奉献”，陈世伟说这样的西藏精神很大程度上就同地大人长久以来致力遵循的“艰苦朴素、求真务实”的校训精神是一致的。不骛于虚声，不驰于空想，踏踏实实，稳扎稳打，是校训里的谆谆教诲；不在艰巨任务面前畏首畏尾、缩手缩脚，不在斗争中迷失自我、迷失方向，更是学子们的汲汲初心。初心不变，忠心不悔，方得始终。“到西部去，到基层去，到祖国最需要的地方去。”这不仅是一句口号，更是对陈世伟挥洒在祖国雪域高原上的火热青春的完美诠释！

（**文字** 旷杰媛 董敏 陈丽娟 毕冉 胡忘忧）

——/吴 平/——
乡村振兴蹚新路 牢记使命党旗红

吴平，1977年10月出生于山西省万荣县，中共党员，中国地质大学（武汉）2001届法学专业校友，国务院发展研究中心资源与环境政策研究所气候政策研究室主任、副研究员，河北省大名县委常委、政府副县长（挂职）。2019年，荣获中国发展研究奖一等奖；2020年11月，荣获“中央和国家机关脱贫攻坚优秀个人”称号；2021年2月，被中共中央、国务院授予“全国脱贫攻坚先进个人”称号。

▲ 吴平

“功成不必在我，功成必定有我。”2018年5月17日，年轻的共产党员、国务院发展研究中心资源与环境政策研究所研究室主任吴平以强烈的使命担当，接受组织委派，来到国家级贫困县河北省大名县挂职县委常委、副县长，帮扶大名县脱贫攻坚。

作为一名党员干部，吴平始终不忘初心，牢记使命，在工作中保持党员本色，践行党员精神，在乡村振兴的路上高擎党旗，扎根沃土，无私奉献，体现出了一名党员干部满腔赤诚的为民情怀。

当双脚踏上大名这片土地时，他便把所有精力都用在了为大名人民谋幸福这件事上，他口中谈的是大名，心中想的是大名。他暗下决心，一定要为大名的产业兴、农民富、乡村美蹚出一条新路。“挂职一方，扎根一方，情系一方。吴平在大名，帮扶措施有温度，乡村振兴有高度，课题研究有深度，招商引资有力度，百姓心中有热度。”这是大家对吴平的评价。

用脚丈量，用心谋划，促成支部共建

初到大名，吴平就受到了当地人的质疑：有人说他是来走过场的；有人说他是来镀金的，吃不了苦，受不了罪，过不了多长时间就得回去了。面对质疑，吴平牢

记初心和使命，时刻告诫自己：作为一名硬核的共产党员要像党旗上的斧头那样务实，镰刀那样锋利，既能开山破路，又能披荆斩棘。

▲ 吴平在调研

唯有真调研，方能出实招。3年来，吴平走遍了全县20个乡镇600多个村庄。在走访中，他的原则是：不定时间、不亮身份、不打招呼、不带随从，听真话、察实情、解难题。时间长了，村民们见了他，就像见到老朋友，拉着他的手，有说不完的心里话。在不断的调研中，吴平为民谋幸福的思路日渐明晰。吴平是一位专家型干部，有想法，有思路。他深知乡村工作的复杂性，村民的文化水平参差不齐，思想难以统一，工作难度非常大。面对这样的状况，如何让各项措施能够顺畅推行，让各个项目顺利落地，基层党组织的正确领导就显得尤为重要。

火车跑得快，全靠车头带。他以一个党员的敏锐性，迅速抓住了乡村振兴的关键点——基层党支部。“帮钱帮物，不如帮个好支部。”为了更好地发挥基层党支部的作用，提高基层党员干部的思想水平和工作能力，吴平在国务院发展研究中心领导的支持下，促成了国务院发展研究中心农村部、国研科技集团和儒家寨党支部、国务院发展研究中心资环所和万北村党支部结成共建支部。

党支部的共建极大地调动了当地党员干部的积极性，通过引进人才、资金、技术，立足五大振兴[①]，大名县悄然发生着变化。

智库助力，勇于创新，体现“蹚路精神”

大名县万北村是河北省“大包干”第一村。“大包干”解决了温饱问题，但是随着时代的发展，万北村再次面临着发展的瓶颈。实施乡村振兴战略，是农村的又一次变革。2019年，经过广泛的调研和深入的论证，吴平带领课题组，选择了万北村作为试点，开始了农村新型集体经济模式的探索。吴平说，乡村振兴要因时制

①五大振兴是指产业振兴、人才振兴、文化振兴、生态振兴、组织振兴。

宜、因地制宜、因人制宜，没有现成的成功经验可以借鉴，这是时代交给我们的全新课题，我们要用“敢闯敢干”的勇气和精神，探出新路。吴平与村两委①反复研究，确立了在万北村发展新型集体经济，以先富带动后富，走向共同富裕，实现乡村全面振兴的思路。他召开3次动员会，帮助万北村成立了发展集体经济的平台。面对起步资金没有着落的状况，他又发动19位党员克服重重困难，签下了“军令状”，每人拿出2万元作为启动资金，启动资金在第二天全部到账。看着19枚鲜红的手印摁在乡村振兴誓师动员大会承诺书上，吴平仿佛看到鲜红的党旗在高高飘扬。

发展新型集体经济的序幕已拉开，万北村以万北实业为平台，通过引进外部资金和技术，生态农业、富硒鸡蛋等项目陆续落地，并在此基础上成立了集体控股的食品企业。首年5000亩花青素玉米种植成功，村里举办了喜庆热烈的“农民丰收节”活动，让大家备受鼓舞。

科技赋能，电商拓展，促进产业振兴

为了提高大棚蔬菜、油料作物产量，提高中药材种植技术水平，吴平带着主管部门负责人和技术人员、种植户一次次对接科研院所和专家，引进农业新技术和新品种，包括芝麻、大蒜、蔬菜、花生等；鼓励支持种植户发展农光互补项目，在光伏基地种植金银花、芍药等中药材800余亩。

大名县是“中国小磨香油之乡”，但发展不尽如人意。为推进大名芝麻产业发展，2019年，吴平在国务院发展研究中心组织召开“乡村振兴背景下芝麻香油产业发展研讨会”，邀请专家为大名芝麻产业发展出谋划策；带队考察芝麻产业，支持成立了邯郸市芝麻产业技术创新战略联盟；组织举办“芝麻花生高质高效生产技术”培训会。2020年，大名县成功打造了万亩黑芝麻种植基地。通过“走出去、请进来”发展策略，扶持龙头企业，大力拓展芝麻产品深加工业务，延伸产业链，提高产品附加值，大名芝麻产业发展不断迈上新台阶。小磨香油第十代非遗传承人李清林说：“吴县长帮我们的芝麻产业插上了腾飞的翅膀，让老百姓的生活就像芝麻开花节节高”。

①村两委是村共产党员支部委员会和村民自治委员会的简称。

为了拓展市场渠道，提高农民收入，吴平多次组织各部门、企业召开电商发展座谈会，实施“千人培训计划”与“村播计划”。他还多次在“家乡来客”等电商平台为贫困户农产品代言，是最早为农产品代言的县领导之一。经他牵线搭桥，大名县的农副产品在“扶贫832”销售平台上架，销售额名列河北第一、全国第九。2021年1月，他和县扶贫办一起组织电商企业、爱心企业、种植合作社等成立了大名县消费扶贫供应商联盟。

▲ 吴平在芝麻地里调研

扶智扶志，教育振兴，阻断贫困根源

乡村振兴，教育先行。为了从根源上阻断贫困的代际传递，提高农村人口文化素质，国务院发展研究中心在大名县投入了大量的资金和心血。“慧育中国”“一村一园”“高中教师能力提升”“国研励志奖学金”“伊利方舟”等项目是国务院发展研究中心教育扶贫的重点内容。为了确保这些项目落到实处，吴平多方协调，事必躬亲，无数次走入幼儿家庭和幼儿园，现场督导。

吴平还积极促成了中国人口与发展研究中心（简称“国研中心”）首家“家庭政策研究基地”落户大名。经他多次联系，邯郸市“微爱接力”志愿服务队走进隆真回民小学。由北京市教委组织来自北京市101中学、中国人民大学附属中学等学校的优质教育资源来大名送教扶智。吴平心里时刻牵挂着大名的贫困家庭尤其是贫困家庭的孩子。他发动了亲戚、同学、朋友等各方面的人脉关系和社会资源，多方筹集善款、爱心物资。对接国研中心资环所对万堤幼儿园捐赠价值5000余元的图书，国研中心农村部为儒家寨三街小学捐赠价值10 000余元的图书，中国社会福利基金会“爱心衣橱”公益组织为儒家寨三街小学捐赠价值30 000余

▲ 吴平与孩子们玩游戏

元的羽绒服。

在吴平的积极协调下，2019年4月，国家发展和改革委员会国际合作中心、中国社会福利基金会、中国绿化基金会等公益组织在大名举办“公益植树关爱助学”活动。中国社会福利基金会成立益童书屋并为万堤中学捐赠了价值20 000多元图书；通过互联网，万堤中学与首都师范大学附中一分校进行师生交流互动；对21名家境特殊的贫困生捐助了每人2000元助学金；中国绿化基金会捐赠100 000多元，用于建设专家智库。

疫情期间，吴平多次走访慰问坚守在防疫一线的医务人员。他联系中国发展研究基金会为大名捐赠价值72万元的口罩、防护服等抗疫物资。

情满乡村，心系百姓，对党无限忠诚

脚踏实地，久久为功。吴平怀着对大名每一寸土地的热爱，默默地耕耘，不求回报。他心里装的是千家万户的柴米油盐、喜怒哀乐，始终找寻能让村民们在未来过上具有“独立造血功能”的持续富裕的生活的途径。

2020年5月，当大家听说吴平挂职期满要离开大名时，非常不舍得，纷纷给他打电话和发信息。更有数百名村民自发将摁着红手印的挽留信寄到了国务院发展研究中心领导的手上，希望他留下来，继续帮助大名振兴发展。吴平留下来了，当地人开心地笑了。“脱贫攻坚是义无反顾的责任，乡村振兴是责无旁贷的使命。我作为一名党员，唯有不忘初心，牢记使命，勇于担当，才能不辜负组织的重托，不辜负老百姓的信任和期望。”吴平说。

2021年5月17日，一束美丽的鲜花和一只绘有大名府古城图案且写有“大名欢迎您”的蛋糕送到了刚刚从村里调研回来的吴平面前。这一天是他到大名挂职满3年的日子。3年了，1000多个日日夜夜的辛劳和付出，大名人都看在眼里，记在了心里，他们用最直白、最真诚、最朴实的方式表达了对吴平的敬重和感谢。

“人在大名，就把心深深地扎根在此，与这里的人们一起，寻找幸福之路。”吴平深知，人生没有挂职，责任更没有挂职。他对大名怀着深深的热爱，大名同样也深深地爱着他。在大名这片热土上，吴平用心血和汗水无私奉献，彰显乡村振兴路上一名党员干部的襟怀和风采。

/杜鹏举/
法学博士的强村富民之路

杜鹏举，1984年生于河南渑池，2009届环境科学与工程专业硕士研究生，2020届思想政治教育专业博士毕业生，现任三门峡市人大常委会机关派驻陕州区西张村镇庙洼村第一书记。

杜鹏举所驻扎的陕州区西张村镇庙洼村，位于西张村镇政府南10km深山区，平均海拔超950m，地理位置偏僻，基础设施薄弱。全村有8个村民组，13个自然村，共有238户625人，建档立卡贫困户有161户484人。庙洼村于2018年底退出贫困村，而在2018年底以前，它还是个省级贫困村，贫困发生率68.5%。

2017年4月，33岁的杜鹏举从三门峡市人大常委会机关到西张村镇庙洼村开始驻村，2020年3月杜鹏举由市委选派办任命为驻村第一书记。杜鹏举入村时正值脱贫攻坚关键时期，面对庙洼村发展方向不准、技术水平不高、党建亟待加强等问题，他踏实做规划、认真做实事，为村民谋福利、谋幸福。提起杜鹏举，村民都称赞：“这娃，真中！”

▲ 杜鹏举博士毕业照

党建引方向：良好政治生态助力脱贫攻坚

面对村内党建工作亟待加强的问题，杜鹏举率领全村确立明晰的党建工作思路：以乡村振兴为中心，以党的建设统领工作全局，围绕扶贫领域3年行动计划，强化村两委班子和干部队伍建设，加强党组织和党员队伍管理，充分发挥党组织的政治核心和党员先锋模范作用，形成特色乡村精神文明建设机制。

▲ 杜鹏举（左四）深入群众家中开展政策宣讲工作

一是认真学习党的理论和习近平总书记相关讲话精神，特别是习近平总书记关于脱贫攻坚和乡村振兴精神思想。二是充分发挥基层党组织的核心作用，着力抓好党建工作“第一责任”，并与三门峡市人大常委会机关联合开展5次关于教育扶贫、医疗扶贫等关爱活动。三是重点抓党员积分管理和党员活动日活动，加强“3年强基”工作，积极开展示范村创建、五星支部创建等活动，让党员动起来，让党旗飘起来，让群众看得到。四是积极做好宣传引领工作，如做脱贫攻坚、重点培训、宣传党的大政方针及惠农政策等工作，为庙洼村健康持续发展提供强有力的思想、政治和组织保证。

明晰细致的党建工作的开展进一步优化了村内的政治生态，村内干部队伍干劲更足，村民对国家的方针政策有了更透彻的了解，为决胜脱贫攻坚打下了坚实的基础。

扶贫要科学：数据支撑建档立卡

“我刚来的时候，什么数据都缺。大数据时代，村一级也应当有相应的数据库。”为了方便精准扶贫和其他工作的开展，杜鹏举决心建好村级数据库。

自建档立卡新标准、新要求下发，杜鹏举紧紧围绕电子化、数字化、信息化开展精准扶贫和建档立卡工作。他从数字化时代的需求入手，以数据为载体，让扶贫的对象、开展的活动、帮扶的措施等都能从数据中体现出来。他全面收集并录入贫困户数据资料，按照“六步工作法”要求，从三门峡市人大常委会机关抽调10名同志，开展调查前的培训工作并与村干部配合，深入245户群众中开展普查工作。他还从多渠道收集了贫困户及贫困人口的七大类1506项的共计282 377项数据，涵盖基础信息、收入情况、生产生活情况、帮扶情况等多方面资料，较为全面地掌握了贫困人口生产生活情况。

▲ 杜鹏举(左)深入群众家中调研

数据资料收集工作基本完成后，杜鹏举又认真核实比对现有数据资料，在现有数据的基础上，按照建档立卡的数据要求，制作了打印版资料，由核查人员进行分类分项预填写，并在填写过程中进行资料比对和核查，及时修正发现的问题，不断充实完善相关数据资料，保证数据的真实性、可靠性。“数据可以帮助我们开展工作，基层每年要交许多表格，别的地方要一页一页纸地找，我们村是电子数据库，节省了人力、物力。”

产业稳增收：找到致富发力点

“产业是根本，必须切合实际，长短结合。”为了尽快提高经济效益，稳定农民收入，杜鹏举在做足考察调研工作的基础上，决心带领庙洼村打造高山绿色蔬菜水果产业基地。高山蔬菜和传统农作物不同，技术含量高，管理难度大，如何使群众尽快掌握技术、增产增收，是扶贫工作的重点和难点。

他主张开展信息化指导，聘请专业的技术员，深入田间地头切实开展指导工作，及时发现并解决蔬菜种植过程中的问题。这一举措使群众蔬菜种植收入有了大幅提升，许多农户还参与了河南电视台组织的陕州区特色农产品推介会。为了帮助村民致富，他积极奔走，争取扶贫部门资金支持。目前已发展萝卜种植基地1500亩，收入超过300万元，西红柿、辣椒、豆角种植基地共有480亩，收入超过150万元，人均增收超过1200元。目前他正在为这些种植基地申请绿色认证，并提交了商标申请，期望进一步提高农作物的市场竞争力。

▲ 杜鹏举（左二）带领群众参加扶贫产品展销会

▲ 杜鹏举（左一）深入农田调研

为了做大做强蔬菜种植这一传统产业，进一步增加农民收入，杜鹏举抢抓区政府“菜篮子”工程历史机遇，已率领大家建成163个蔬菜大棚，共计投入近300万元。根据庙洼村的土壤和气候条件，他还积极推进高品质林果业发展，新发展苹果、桃种植基地共350亩。建成百亩以上优质果园两个，新栽植优质苹果树5000株，目前全村果树种植基地已达到800多亩，总收入超过120万元，农民个人收入进一步提高。

除此之外，他还积极组织大家利用农闲时间开展技术培训，先后聘请省市专家开办培训班5期，培训群众500余人次。如开展“雨露计划”家政服务培训，让102名群众获得家政服务员五级证书，22人获得驾驶证，具备家政服务能力。他经常外出学习，带领群众远赴灵宝苏村、周口、山西长治等地参观并学习先进管理经验。杜鹏举多措并举，迅速让群众熟练掌握了育苗、摸枝、打叉各个环节的技术要领，培育了一批懂技术、会管理的新型农民。

发展思长远：庙洼村旧貌换新颜

“居者有其屋”是实现“两不愁，四保障[①]”总体脱贫目标的重中之重。两年来，杜鹏举大力宣讲搬迁政策，精心制订搬迁规划，积极协调业务部门，确保搬迁工作顺利开展。

驻村以来，针对村里基础设施薄弱的实际情况，杜鹏举先后深入水利、交通、移民、国土、扶贫等市县相关部门，为村内争取并实施了十几个基础设施项目，落实项目资金超过3000万元。通过推进人畜吃水场地建设、文体活动场地建设、村卫生室改建等项目的顺利实施，杜鹏举解决了全村的水、电、路等问题，切实改善了村民的生活环境。三门峡市人大也积极为改善村级环境贡献力量，给村里配备了空调、桌椅板凳、办公设备、文体用品、入村宣传标牌等物品。

▲ 杜鹏举(左一)到群众异地搬迁小区走访

杜鹏举深知要从根源上脱贫，必须

①两不愁是指吃不愁、穿不愁。四保障是指义务教育保障、基本医疗保障、安全住房保障、安全用水保障。

大力发展教育。他积极对接高校来村开展暑期社会实践，激励村里的孩子们努力学习。近年来，村中不乏考上一本院校、“双一流”院校的学生。

以前的庙洼村道路泥泞、交通闭塞，产业发展缺乏引领，村民们守着几亩薄田，收入难有保障。如今，村中水泥路直达每户，基础设施完善，村容整洁美观，村民精神面貌焕然一新，蓄足了长远发展动力。

▲ 杜鹏举（右一）与群众一起拍摄新年全家福

脚下沾有多少泥土，心中就沉淀多少真情。杜鹏举入村时，正是脱贫攻坚最紧要的关头。田间地头、百姓家中都留下他走访调研的身影。为了防滑，杜鹏举常常随身携带着冰爪，攀过一座又一座陡坡，探望住在偏远地方的村民。他还到临崖边的窑洞中、梯田大棚边探查蔬菜的长势，实实在在把群众的事放在了心上。每年7月底，面对严峻的防汛形势，他带领驻村工作队员和村党员干部时刻坚守在防汛应急一线，积极开展防汛应急上报、防汛培训演练、防汛隐患排查等工作，走访入户，对居住在危险地段的农户提前做好安置转移准备。村民们朴实夸赞的背后是他坚忍的初心和实干能干的精神，杜鹏举依靠这一腔真情成为了村民眼中值得信赖的第一书记，也成为了村民的“家里人”。

（**文字** 毕冉根据相关资料整理）

——/ 张好贤 /——
用行动擦亮党员名片

张好贤，男，汉族，1984年1月出生，甘肃永昌人，2005年12月加入中国共产党，2008届地大地理信息系统专业本科毕业生，2011届地大地图制图学与地理信息工程专业硕士毕业生，高级工程师，国家注册测绘师，现任甘肃省地质矿产勘查开发局（简称“甘肃省地矿局”）测绘勘查院地理信息应用研究中心主任兼党支部书记。

使命在肩　不负期望

"受舟曲'8·8'特大泥石流影响，舟曲锁儿头滑坡表面裂缝变形严重，应国土资源厅安排部署，急需我院提供第一手测绘地理信息数据，为上级领导治理决策提供数据支撑，你尽快回来一趟。"2010年12月16日，正在国家地理信息系统技术工程研究中心参与三维城市地质建模课题的张好贤接到了甘肃省地矿局测绘勘查院原院长的电话。

锁儿头滑坡附近有一大型电站，滑坡一旦发生，将会给当地政府和老百姓生命财产安全带来巨大威胁。他意识到此事刻不容缓，立即于次日赶往了兰州，并跟随原国土资源厅领导携带着甘肃省第一台三维激光扫描仪赶赴舟曲，到达当日就对滑坡体开展了非接触式的扫描体检，晚上就形成了滑坡体三维数字立体影像，为省厅领导研究部署预防治理方案提供了重要的测绘数据支撑。

▲ 张好贤在舟曲锁儿头滑坡现场工作

2011年张好贤研究生毕业后，积极响应国家大学生志愿服务"西部计划"，被分配到甘肃省地矿局第四地质勘查院。谁料初来乍到就是一记踉跄，因业务受限，张好贤被告知他的专业也许难以派上用场。就在他迷茫之时，甘肃省地矿局测绘勘查院因产业结构调整，要大力发展GIS应用和开发，将张好贤调入了该院。2012年12月，他被任命为该院地理信息分院副院长，负责项目技术设计，实施方案、成果报告的编制，成果质量控制等技术质量工作。

2014年，他受命主持实施甘肃省嘉峪关市、武威市古浪县、兰州市西固区及永登县五乡镇约10 500km²的地理国情普查项目。面对任务重、工期紧、要求高的现实情况，他与爱人商议，果断决定将原定于1月的婚期推迟到了9月，以便全身心投入项目生产，确保如期高质量完成项目。计划赶不上变化，8月初，因为技术能力强、熟练掌握项目流程，他又被甘肃省地理国情普查办公室点名抽调参与省级验收工作，圆满完成了张掖、金昌和武威三市的地理国情普查成果验收工作。而婚礼准备工作只好全部交由爱人费神费心，直到婚礼前一天他才赶回家，后来笑称"只是出席了自己的婚礼而已"！

与时俱进　务实创新

10年来，张好贤始终注重专业知识的学习更新，按期参加继续教育学习，多次参加中国测绘地理信息学会、中国地理信息产业协会等组织的学术会议，并与国家地理信息系统工程技术研究中心、中国地质大学（武汉）、兰州大学等科研院所专家开展技术交流和座谈，通过不断强化测绘地理信息与大数据、云计算、人工智能、机器学习等高新信息技术的技术融合，来推动部门生产经营管理工作向高质量发展。2020年，他积极争取甘肃省地矿局创新资金项目，高质量完成了"软件定义数据中心技术探索与实践"课题，建成了甘肃省地矿局测绘勘查院GPU超融合云计算平台，打破了该院遥感影像数据处理、实景三维建模等算力不足的瓶颈。

▲ 张好贤（左二）在工作中

在日常工作中，他始终为团队灌输着"只要思想不滑坡、办法总比困难多"的思想意识。2017年11月，承担兰州市红古区农村土地承包经营权确权登记颁证项目的原作业单位因过程质量控制失控，致使项目成果严重不合格，省确权办限期全面返工整改。为避免负面影响继续蔓延，他勇挑重担，带领团队30多名成员起早贪黑，几乎走遍了每一块田间地头，用脚步丈量耕地面积，确保每一户承包地面积准、四至清、权属实，平均每天接听近200个农户打来的电话，认真答复有关土地确权的技术和政策问题。一个月后，终于圆满完成了整改工作，顺利通过了省确权办的检查验收。

立足岗位　成果丰硕

参加工作以来，他先后参与和主持完成了40多项测绘地理信息工程，其中"地质灾害可视化管理应用研究”项目获甘肃省测绘科学技术（科技进步）三等奖、“甘肃省地理国情普查（兰州市西固区、永登县五乡镇、武威市古浪县、嘉峪关市）”项目先后获中国优秀测绘工程奖铜奖、甘肃省测绘科学技术奖金奖，“数字额济纳地理空间框架建设”项目先后获甘肃省测绘科学技术（科技进步）二等奖、2019年中国智慧城市优秀应用案例优秀奖，“低空遥感技术在地质找矿中的应用研究”项目获甘肃省测绘科学技术（科技进步）三等奖，“甘肃省重点矿山找矿三维展示系统”项目获甘肃省测绘科学技术（科技进步）二等奖，“山丹县国土资源局不动产统一登记信息平台建设”项目获甘肃省测绘科学技术（优秀工程）银奖。

2012年，张好贤被授予“甘肃省技术标兵”荣誉称号。2017年9月，他顺利通过了国家注册测绘师考试，先后在省部级及以上级别期刊发表5篇专业技术论文，以第一完成人身份获得1项软件著作权，以第二完成人身份获得4项软件著作权。2019年，他在甘肃省地矿局推进地勘工作转型升级座谈会上联合提交的《整合资源促进测绘地理信息产业跨界融合，助力地勘工作转型升级高质量发展》论文获得会议一等奖，同年在甘肃省地矿局测绘与地理信息技术培训班上以“智慧城市地理空间框架建设”为主题进行专题授课。2020年，他荣获甘肃省地矿局“优秀共产党员”荣誉称号，获第十三届甘肃省青年地质科技奖，被西北师范大学聘任为资源与环境硕士专业学位研究生实践指导教师。

▲ 张好贤（前排左一）获得甘肃省地矿局“优秀共产党员”荣誉称号

他始终把“艰苦朴素、求真务实”的地大校训记在心中，高标准、严要求地完成一个又一个测绘地理信息项目，始终保有着共产党员不变的初心和使命担当，践行着“用实际行动为家乡建设贡献自己微薄力量”的诺言，用脚踏实地的行动擦亮党员名片。

（**文字** 毕冉根据“甘肃地质新青年”官微中的文字材料整理）

——/ 吴晶晶 /——
从军旅到经侦　以真心换真情

吴晶晶，1980年出生于安徽歙县，学校经济管理学院旅游管理和经贸英语专业2003届毕业生。2009年底，她从安徽省警卫部队转业到杭州市公安局滨江分局，现为杭州市公安局滨江分局经济侦查大队（简称“滨江经侦大队”）民警。她的军龄有7年，警龄已有11年。

扎起头发，穿上警服，戴好装备，滨江区公安分局经济侦查大队民警吴晶晶又开始了自己的工作。维护入场秩序、核查身份证件、帮小朋友找妈妈……很多人不会想到这位笑容亲切的警察“小姐姐”已经是滨江经侦大队的一名“老兵”。

▲ 吴晶晶

加入滨江经侦大队的9年间，吴晶晶对“内”创新工作机制，探索总结的风险企业排查“晶晶工作法”被全市推广，主创的“提高警惕—预防合同诈骗”获评全省“十大精品微课程”；对“外”强化警企协助，推动成立“合规促进会”，主导研发“滨企云”小程序，为滨江公安与高新企业搭建起了互助互信的“连心桥”。

借势借力，入脑入心，走进社区和群众

运用自身多年经侦防范宣传实战经验，围绕“发案少、损失少”的实战目标，吴晶晶积极借势借力，整合金融单位、媒体阵线、街道社区的宣传需求，通过制作新颖微课程、微电影，发放新颖的案例宣传册等形式深入社区群众生活，积极开展经侦涉众风险防控宣传，揭露常见犯罪手法，提示风险预警，展示公安机关打击经济犯罪的决心，努力提高人民群众识别和防范各类经济犯罪的能力。

吴晶晶同志始终站在受害群众的视角看问题，以预警防控宣传为抓手。一是在宣传内容上求更新。针对居家时间较长的老人、主妇等群体，持续开展以“陪你

纳凉、教你防范”“经侦民警在身边”等为主题的进社会、进村社活动，每年常态化组织属地社区民警在小区、广场等人流密集区域开展宣传演讲，结合最新的鲜活案例，对群众开展入心入脑的防范教育。二是在宣传形式上求更新。通过线上线下结合、多媒体综合利用的方式，制作“区块链不是取款链”“骗局”“集资诈骗三十问”等一系列群众接受度高的微视频、微课程，在警务宣传媒体、合作单位、社区等公众号、室外屏企业线上课堂上进行滚动播放。其中她主创的防范微课程“提高警惕—预防合同诈骗”在浙江省公安经侦系统首届微课程大赛中被评为“十大精品微课程”，成为全市唯一获奖作品，并被《平安时报》经侦前沿版块头条报道。三是在宣传力量上求更新。利用一线银行、证券等窗口单位建立宣传新阵地，先后授予中国建设银行、杭州银行、中国工商银行三大银行的滨江支行“防范金融诈骗宣传示范单位”称号。通过凝聚金融防范共识，利用金融阵地在资金交易过程中的特殊地位和渠道，她积极开展警企宣传领域合作，定向推出宣传案例，实现保障人民群众和属地企业“少发案，少受害”的工作目标。

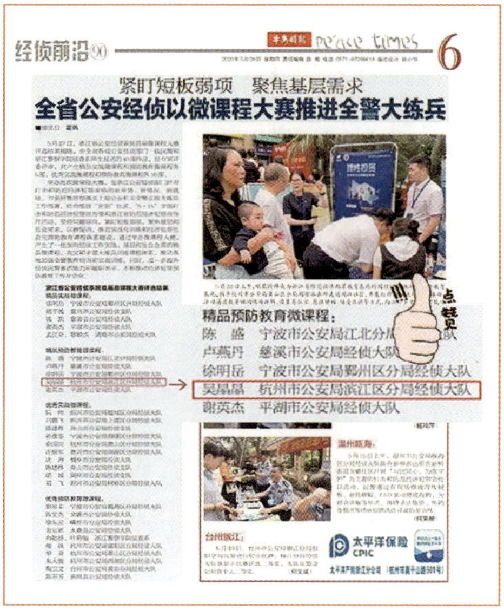
经侦前沿 6

紧盯短板弱项　聚焦基层需求

全省公安经侦以微课程大赛推进全警大练兵

精品预防教育微课程：

陈　盛　宁波市公安局江北分局……大队

卢燕丹　慈溪市公安局经侦大队

徐明岳　宁波市公安局鄞州区分局经侦大队

吴晶晶　杭州市公安局滨江区分局经侦大队

谢英杰　平湖市公安局经侦大队

温州瓯海：

台州椒江：

太平洋保险 CPIC

▲《平安时报》报道吴晶晶主创的微课程获奖情况

深入企业，促进合规，走进企业和公司

当前国际竞争正在发生深刻变革，我国的创新驱动力不断增强，企业合规经营已成为中国企业提升核心竞争力、行稳致远的重要课题。吴晶晶同志围绕分局党委打造警企共建、社会共治、成果共享的现代化区域治理新载体的方针，助推分局主导成立了滨江区企业刑事合规促进会（简称“合规促进会”），进一步提升滨江区企业安全合规水平，夯实企业健康发展基石，积极探索构筑区域社会治理现代化的新路径。该合规促进会经过多方努力，在2020年8月终于建成，60多家辖区上市公司、科研院所、合规头部企业成为会员单位。

其间，吴晶晶以合规促进会成立为契机，通过以案说法、学术沙龙等活动累计开展区内各类企业走访35次，开展座谈会4次，通过普及企业内部职务犯罪知识、讲解合规治理理论等多种形式，形成警示震慑效应，为企业在预防内部犯罪和把控合规建设工作上提供了极大的帮助。2020年9月，经过吴晶晶多方组织协调，合规促进会特别牵头邀请了北京大学法学院教授、博士生导师、“全国十大杰出青年法学家”陈瑞华教授来到滨江，为辖区企业作题为“企业合规治理的基本原理”的专题讲座，并单独与会员单位开展座谈，定向回应企业合规需求方面的困惑，受到辖区300多家大中型企业的广泛赞誉，切实提升了企业合规意识和获得感。

科技赋能，智慧解忧，走进园区和楼宇

随着互联网、新经济的高速发展，由于辖区部分企业内控机制不严、法律底线不清、合规不严，导致涉及灰色财产，甚至直接参与集资诈骗、非法吸收公众存款、传销犯罪的违法犯罪案件时有发生，传统的预防宣传方式对问题企业的风险排查已经发挥不了作用。

吴晶晶同志立足问题导向，结合工作实践，以企业基础数据采集、建模应用为核心，通过大数据分析实现金融风险防控关键点，结合智慧警务的方式来破解金融风险防控难题，逐步探索出“科学采集同监测、实地走访同预警、网络爬虫同研判，标准统一同分享、联合行动同清退”的五同步“晶晶工作法”。而后，吴晶晶先后数十次开展了大量进园区、走楼宇、访物业等工作，花费近半年时间和一线使用人员一起研发了楼宇企业信息采集（滨企云）和研判系统，并通过该项科技赋能，成功打造“晶晶工作法2.0”升级版。其核心要义是将原来僵化的企业排查采集内容系统化，发挥“线下采”“规范录”“线上风险自动排”的效能，“晶晶工作法2.0”是社会共治、共建、共享的新载体，作为科学、规范、高效的企业信息采集平台，可助力滨江辖区企

▲ 楼宇企业信息采集（滨企云）和研判系统界面

业服务保障工作顺利开展。

“从部队转业到地方，岗位职责、工作性质、服务对象都发生了很大的变化。变的是我们的岗位职责，而不变的则是我们的初心与使命。”吴晶晶同志在持续发扬冲锋在前、敢打敢拼的担当精神的同时，时刻秉承服务人民、服务企业的使命，以实际行动践行“人民警察为人民”的铮铮誓言。她在经侦岗位上默默耕耘，成为深入社区群众、楼宇企业的颇受人民信赖的“亲民卫士”。

（**文字** 毕冉根据相关资料整理）

——/ 肖明国 /——
用专业吹响“生命救援集结号”

肖明国，男，1982年生，四川巴中人，学校资源学院矿产普查与勘探专业2012届博士毕业生，高级工程师，国家应急管理部集体和个人二等功获得者，国家应急管理部安全生产领域跨国（境）救援专家，湖南省长沙市“高级经营管理及研发人才”，北京市“景贤计划”领军人才。现任北京大地高科地质勘查有限公司党总支部副书记、总经理，北京大地特勘分公司总经理，国家矿山（隧道）应急救援中煤特勘中心主任，中煤地质集团有限公司西南分公司总经理，国家矿山（隧道）应急救援大地特勘队负责人，长期从事科研、项目管理、生产经营管理、应急救援及管理等工作。

▲ 肖明国在单位2021年上半年经济运行分析会上发言

“人民至上、生命至上”：助力创造矿山救援奇迹

肖明国同志任国家矿山（隧道）应急救援中煤特勘中心主任及大地特勘队负责人以来，主动担当、冲锋在前，先后带队完成山西朔州茂华万通源煤矿透水事故

救援、湖南耒阳源江山煤矿透水事故救援、山东笏山金矿爆炸事故救援。特别是在山东笏山金矿爆炸事故救援中，成功营救了11名被困矿工，用躬身实践彰显了“人民至上、生命至上”的崇高理念和央企的责任担当。

▲ 肖明国在山东栖霞笏山金矿爆炸事故抢险救援现场

2021年1月10日14时，山东栖霞笏山金矿发生爆炸事故，22人被困井下。12日凌晨1时23分，伴随着国家应急管理部国家安全生产应急救援中心一声令下“山东栖霞笏山金矿井下发生爆炸事故，22名工人被困，请速来救援”，大地特勘队紧急吹响“生命救援集结号”，两辆大口径车载钻机和富有作战经验的71名救援人员从北京、山西、安徽、河南、河北等地星夜驰援事故现场。11时22分，肖明国率领首批队员一行4人随应急管理部领导及专家抵达事故现场，迅速展开前期救援工作接洽及井场准备工作。

笏山金矿救援之难，创造了近年来诸多矿难救援之最，不仅钻孔深度为近年地面打钻救援之最，岩石硬度高、地质条件复杂、矿方通报信息不对称等也使得救援困难重重。与1997年美国魁溪煤矿冒顶事故和2015年山东平邑石膏矿坍塌事故相比较，此次笏山金矿爆炸事故的井下被困人员所处位置深度更大（魁溪煤矿2名矿工被困井下110m处，平邑石膏矿人员被困井下220m处，笏山金矿人员被困井下的深度最大，在613m处）。2010年智利圣何塞铜矿发生的坍塌事故，虽然人员被困位置深度也达到了630m，但是井下的避难硐室存放了足够的食物，可供井下被困人员坚持一段时间，且铜矿所处地质条件简单，地层完整，无富含水层，赋水性弱，为钻孔“下排渣”施工工艺的应用奠定了良好的地质条件。而笏山金矿与之相比较，时间更紧迫、钻孔施工难度更大，最终在众人合力作业下，矿井井面清障工作出现奇迹，救援工作出现转机，提前成功完成营救任务。在救援现场，时间就是生命，为了争分夺秒，肖明国几天几夜没有合眼，有时甚至嗓子沙哑得说不出话来。他谈到：“大地特勘队有70多人在现场，大多数人几日未眠，前方工作强度很大，大家的神经都是高度紧绷的。”

本次救援，大地特勘队充分发挥"专常兼备、快速精准、平战结合"的技术优势，成功纠偏，打通"生命通道"3号孔，透巷生命保障主孔4号孔，创下中国救援难度最大、速度最快、救人数量最多等多项纪录，为受困11人的成功获救起到了决定性作用。大地特勘队也因此被誉为"英雄的队伍"。山东省委、省政府及国家应急管理部、国务院国有资产监督管理委员会（简称"国资委"）对大地特勘队给予了极高的评价和嘉奖，大地特勘队获得了同行及社会各界的高度认可。国家矿山（隧道）应急救援大地特勘队被山东省委、省政府授予"英雄队伍"称号，被国家应急管理部授予集体二等功，肖明国个人记二等功。团队救援事迹——《不负生命的重托》荣获国资委第四届中央企业优秀故事二等奖。

▲ 肖明国（左四）及其团队接受表彰

科技兴企、人才兴企：注重科研投入与知识产权保护

自工作以来，作为项目或课题负责人、项目参与者，肖明国完成了10多项科研项目研究工作，取得了多项科研成果和专利发明，"煤系矿产绿色钻探技术研究"获中国煤炭地质总局颁发的优秀成果奖，以第一发明人申报专利10项（发明专利6项、实用新型专利4项）、以其他非第一发明人申报专利8项；先后发表研究论文多篇，其中SCI收录论文2篇（以第一作者发表1篇）、EI收录论文4篇（以第一作者发表3篇）、中文和科技核心期刊收录论文7篇（以第一作者发表2篇）等。

此外，肖明国团队努力参与应急管理部重点实验室建设和验收工作。他积极建言献策，主张引进海内外高层次人才，完善各个研究方向的人才队伍建设，形成学科门类齐全、年龄结构合理的科研队伍；健全团队管理制度及人才培养机制，拓宽人才培养渠道，将北京大地高科人才团队打造成制度健全、功能合理的科研团队。团队充分运用丰富的一线资料和现场经验，开展相关技术推广和成果转化工作，积极解决矿山应急救援钻井及与矿山安全生产相关的地质灾害防治领域的"卡脖子"技术难题，取得了良好的社会效益、经济效益及环境效益。

"气化湖南"、扎根一线：查明湖南资源勘探及开发潜力

肖明国扎根一线，历时6年，稳步推进湖南页岩气区块、煤层气、浅层气资源调查及勘探工作，查明湘西北、湘中及湘东南盆地页岩气资源勘查潜力和洞庭湖盆地浅层气开发潜力。

▲ 肖明国在柳林煤层气项目现场

龙山区块页岩气单直井产量超1800m³/天，在自然资源部第一、第二轮招标区块中单井产量名列前茅，为湖南省页岩气勘探树立了信心；涟参1井钻遇最厚煤层，含气量达20～30m³/t，预示湘中盆地煤层气有巨大的勘探潜力；在洞庭湖盆地，其团队与中南大学何继善院士团队合作实施开钻3口参数井，揭示在洞庭湖区浅层具有较大的生物气资源勘探潜力，湖南非常规天然气勘探取得阶段性的突破，为"气化湖南"战略目标提供了一定的研究和开发基础。

肖明国校友秉承"艰苦朴素、求真务实"的校训精神，胸怀祖国，热爱人民，求实创新，克难奋进，勇攀高峰，追求卓越，始终以"热爱自然、敬佑生命"的至高情怀忠实践行着地大人的责任担当。

（**文字** 许小雪　旷杰媛　毕冉根据相关资料整理）

——/蓝木盛/——
书写地大人潜海登极的浪漫情怀

蓝木盛，1988年生于江西赣州，畲族，学校资源勘查工程专业2011届毕业生，现任中国极地研究中心工程师。他自研究生时代就投身极地事业，迄今共9次、历时770余天参加南北极科学考察，曾参加"雪龙号"环南极、环北冰洋航行考察以及"雪龙2号"北极首航考察，是我国参加极地考察次数最多的"85"后科研工作者。2018—2020年，连续3年被评为"中国极地研究中心年度先进个人"；2016—2018年，在中国第三十二次南极科学考察、第八次和第九次北极科学考察期间荣获"优

秀队员”或“优秀党员”荣誉称号;2021年,被评选为“上海市浦东新区十大杰出青年”。

▲ 蓝木盛

矢志极地,建功极地科考第一线

蓝木盛始终践行“爱国、求实、创新、拼搏”的南极精神,在2018年参加第35次南极考察期间,他带领所在团队成功布放了我国第一枚西风带大型浮标。“雪龙号”因突发大雾意外触碰冰山,经历了一次生死考验。在中国第三十五次南极考察期间的2019年1月19日这一天,正在阿蒙森海开展综合调查的“雪龙号”,因突发大雾,在密集冰区航行中意外触碰了冰山,从发现冰山到触碰冰山,一共不到35s。为尽快解决问题,时任大洋队队长的蓝木盛首先向队员准确传达了考察队的精神指示,通报现场情况并安抚队员情绪,随后组织队员连续奋战两天两夜清除堆积的冰雪,在意外发生后的合理处置中发挥了重要作用。

2019年,他参加了人类史上最大规模的北极科学考察计划——国际北极漂流冰站计划。为此,国际北极科学委员会酝酿了十余年。

▲ 蓝木盛参加2019年国际北极漂流冰站计划

在这个计划中,来自20个国家60多家研究机构的600多名科学家和后勤保障人员被分为5个航段,对大气－海冰－海洋－生态系统各圈层及其相互作用进行观测研究,以加深对北极中央海域大气－海冰－海洋－生态系统间的耦合过程的理解，提高北极天气预报、海冰预报和气候预测的能力。蓝木盛参与其中，随冰漂流工作近100天，其间克服了极昼极夜交替、－35℃低温和大风等一系列困难，获取了大量观测数据，填补了部分国内乃至世界北冰洋冬季资料的研究空白，为我国首次获取全年的极地冰下上层海洋生态参数观测资料做出了贡献。

▲ 蓝木盛在北极进行冰芯取样工作

在这一次次的科考经历中，他从一名普通队员，逐渐成长为项目执行负责人、组长、队长、支部书记。2020年，在中国第十一次北极科考期间他成为了历次考察中最年轻的临时党委委员。

▲ 蓝木盛在“雪龙号”实验室进行浮游生物分析测试

立足国家需求，建功极地战略新疆域

围绕“认识极地、保护极地、参与极地国际治理”的国家战略任务，蓝木盛重点开展极地海洋生态调查研究和观监测技术研发应用等工作，参与和主持了国家重点研发计划、国家自然科学基金和极地专项等多个科技项目，参与起草了国家“十四五”极地业务化工作方案，承担了多项极地标准的制(修)订工作，协助推进了我国极地业务化体系构建。

作为团队核心，蓝木盛参与了我国首个南极专项——“南极重点海域对气候变化的响应和影响”的立项和组织实施工作。专项实施以来，项目组已执行两次南极专项调查，加强了我国对南极阿蒙森海和宇航员海生态系统的了解，调查成果为我国参与南极国际治理提供了支撑。他虚心地说，极地工作有相当大的特殊性，个人的角色担当不能代替集体，一定要时刻用集体观和大局观引导自己。

热心公益实践，用心做好极地科普

作为极地科考工作者，科普工作也是蓝木盛工作生活中的重要组成部分。他多次为在校大学生、中小学生开展极地科普讲座。他应地大苏州校友会邀请为苏州校友开展讲座，同时参与街道党建工作，为入党积极分子讲课。他响应各民族共同团结奋斗、共同繁荣发展的号召，当选浦东新区少数民族联合会沪东分会代表，参加少数民族联谊慰问等活动。

▲ 蓝木盛卧冰考察海洋生物

▲ 蓝木盛在极地参加科学考察

蓝木盛说，极地依然是充满未知和风险的领域，作为人类探索未知世界的一部分，极地考察任重而道远，科学精神和勇气是激励我们人类不断探索前行的宝贵财富。他正在用专业和实践传承着地大人“上天、入地、下海、登极”的责任担当，秉承“艰苦朴素、求真务实”的校训精神，一步一个脚印，伴随日月星辰，书写潜海登极的浪漫情怀。

（**文字** 毕冉根据相关资料整理）

——/ 王鸿伟 /——
让世界听到来自地大校友的声音

王鸿伟，1993 年生，甘肃金昌人，汉族，学校艺术与传媒学院动画专业 2015 届本科毕业生，设计学专业 2018 届硕士毕业生，北京奇麟文化美术总监，青年动画导演，自由画家，ASIFA－好莱坞国际动画协会会员，国际编剧协会（ISA）会员。他自研究生学习时期就潜心研习动画艺术，构思并且创作动画艺术短片“寻忆三部曲”系列。2019年，他完成其中一部短片《Kite》（风筝）。该动画短片至今共计入围全球71个电影节，涵盖五大洲30多个国家，包括A类电影节——华沙国际电影节在内的多个奖项、英国电影学院奖、欧洲电影奖等世界大奖资格赛，最终获奖32项，获提名及入选终选名单共17项。

求学地大，动画之梦在心中萌芽

王鸿伟于2011年考入中国地质大学（武汉）艺术与传媒学院。在上大学之前，王鸿伟一直觉得自己一事无成，文化成绩不理想，高中考试总是在班上排倒数第一。但是擅长画画的他，努力考上了地大，这让他非常激动。王鸿伟对自己说：“进入大学，就是全新的开始，我不能继续做倒数了”。

王鸿伟十分上进，努力学好每一门专业课。大学生活也让他觉得很新鲜，加入学生社团、当学生干部、参加支教活动……本科4年他整日都在到处跑，到处忙，甚至还忙晕过一次，直接被救护车送进了医院。

付出总是会有回报，最终，他以专业成绩第一的考核优势被保送本校读研。时间来到2015年读研前夕，王鸿伟开始仔细思考自己真正喜欢干什么、擅长干什么。他发现自己最大的爱好还是画画，于是潜心研究真正的动画艺术，进行创作实践。从这时起，他一改本科活跃的生活状态，将自己沉浸在一个安静的环境中，安心创作。

研究生学习期间与本科学习期间巨大的生活状态反差引起了周围同学和老师的注意，甚至有人认为他“不求上进”。面对外界的担心和质疑，他毫不在意，全身心投入动画创作，并且大胆地构思了一个三部曲系列作品：由3个不同故事、不同风格甚至不同类别的动画短片组成的一个动画短片小系列，但是这3部短片都有一组共同的关

▲《卡尔》油画概念图

键词：爱、死亡、寻找，也就是后来被王鸿伟称之为“寻忆三部曲”的系列动画短片。他利用研究生二年级一整年的时间构思并且创作了属于自己的第一部动画《卡尔》。

感念恩师，创作路上的重要精神支柱

回忆起这段令他感到孤独的时光，他十分感恩自己的导师和学院里其他老师们对自己的教诲和关心。在地大学习、成长的7年时光里，老师们对他寄予厚望，一次次的鼓励和鞭策也坚定了他继续走下去的信念。“我很感谢我的母校地大，感谢我的导师以及在地大这7年教过我的老师们，尤其是我们学院的狄丞老师。”当很多人认为王鸿伟不务正业的时候，狄丞老师自始至终都在鼓励他钻研自己喜欢的动画，也会在平时和他探讨学术研究以及与专业相关的知识点。然而由于毕业论文的压力和嘈杂的氛围，在毕业之前，王鸿伟不得不将作品搁置。

在2018年毕业之后，出于热爱和对创作动画作品的坚定信念，王鸿伟毅然选择接着干。在甘肃老家，$10m^2$的卧室成了他肆意挥洒灵感的舞台，在很多不理解甚至冷嘲热讽的声音之中，靠着一腔热爱和不放弃的信念，他顶着压力一步步逐梦。2019年3月8日的晚上，王鸿伟又一次失眠了，他脑海中浮现了几个画面：一只巨大的白色风筝从云端飞来，降下一只巨大的盒子，盒子被一个小孩捡到，打开后发现里面躺着一个和他一模一样的小孩，一动不动，不知生死……王鸿伟说，当时他突然决定，暂时搁置上一部进展缓慢的动画作品，先做一部可以在短时间内完成的简单的小动画作品。一整夜的头脑风暴之后，《风筝》这部作品就这样意外诞生了。

▲ 动画短片《风筝》截图

第二天睡醒，他就把前一天晚上脑海中形成的故事写下来，并在接下来的一周之内迅速完成了剧本、故事板、分镜头、角色设计、概念设计及场景设计等工作。其间，王鸿伟邀请曾和他一起学画画的好友张菲逊一起创作，当时正值暑假，张菲逊的加入给了王鸿伟很大帮助。正巧那时王鸿伟的手机坏了，屋子里又断了

网,于是他索性就在这不到$10m^2$的小屋里过起了与世隔绝的生活。两人白天创作动画作品,晚上去球场踢足球,劳逸结合,高效工作。来自北京的有沐音乐创始人朱金泰老师被他们的创作热情所感动,也带着自己的团队帮助他们完成所有音乐、编曲、声效的制作,为《风筝》助力。最终,他用6个月的时间,完成了这部长达16分钟的动画短片。

“想画一幅全开的画,首先要画好一幅8开的画来证明自己具备这个水平。”在朋友的启发下,王鸿伟决定用首部动画作品《风筝》去“敲开”全球各大电影节的大门。2020年2月起,王鸿伟开始了处女作动画片《风筝》的全球征战。

▲ 2019年王鸿伟在卧室进行动画片创作

▲《风筝》海报

挑战自我,作品受到全世界青睐

2020年,正值疫情蔓延,很多电影节改为线上举办或者延迟,甚至停办,但也有许多组织方仍想方设法在保证安全的情况下举办电影节。他们邀请王鸿伟参加各种线上活动,如录制介绍、祝福视频等,让全世界的观众认识了这位来自中国的青年导演。

▲ 王鸿伟受邀为电影节录制祝福视频并参加活动

5月,王鸿伟收到了更振奋人心的消息,各类入围和获奖的祝贺信函纷至沓来。

7月,王鸿伟收到了第36届华沙国际电影节的邀请,动画片《风筝》入围了短片竞赛单元,是该单元仅有的4部动画短片之一,也是唯一的中国作品。华沙国际评审团评价，《风筝》是一部叙事和节奏都把握得很好的动画作品，足以看出中国青年动画导演的创造力和导演功力。对王鸿伟来讲，这是对他莫大的肯定。该竞赛单元是美国奥斯卡金像奖资格赛选拔单元，尽管最终只是获得提名，但是能得到华沙国际评审团的特别评价对于他来说也是一份极大的收获。在看到自己的作品代表中国与全世界优秀的作品同台竞技时，王鸿伟感觉无比自豪。《风筝》被波兰国家影像资料图书馆收录，而王鸿伟也参加了10月举行的一系列线上活动，与电影院的欧洲观众进行长达近3个小时的英语问答交流等。

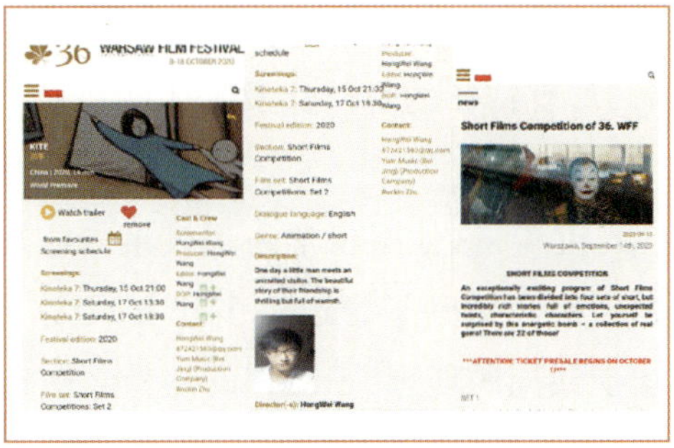

▲ 华沙国际电影节参赛信息

墨西哥国际短片电影节也向他发来入围通知，该电影节是整个拉丁美洲最大的短片电影盛典，而《风筝》也是整个电影节中唯一一部来自中国的作品。中国驻墨西哥大使馆也向王鸿伟发来贺电，并帮助他的作品在南美做了宣传推广。在国内，搜狐、新浪、网易、腾讯等诸多媒体也都对作品入围信息进行了转载报道。

与此同时，国内传来喜讯。2020年，《风筝》成功入围了我国动漫最高奖——中国国际动漫节金猴奖，值得一提的是，王鸿伟是本届所有动画竞赛类别中唯一一个以个人身份参赛的选手。2019年10月，他赴杭州参加了这场国内最大的动漫盛典，结识了很多业内前辈。

坚定方向，朝着更优质的作品前行

2021年上半年，随着《风筝》的全球参赛之旅陆续结束，王鸿伟也已经开始着

▲ 王鸿伟赴杭州参加中国国际动漫节

▲ 影片信息与媒体报道

手新作品——《维克多》的创作了，预计在2022年，这部作品将会和观众见面。同时，富有情怀的王鸿伟及其团队也在着手准备制作以西北沙漠文化为背景的动画大电影。

近年来，他不仅学习了大量专业知识，也结识了很多行业前辈、异国朋友。他的经历也激励了身边许多好友，越来越多慕名而来的小伙伴愿意和他一起共事，实现共同的理想，王鸿伟的逐梦之旅将不再孤单。

“未来我们要做的是一个真正的院线大电影。当然，这条路还很长，我们目前还是要先把短片做好。”谈及对未来的期待与规划，王鸿伟的回答既带着年轻人初生牛犊的拼劲和闯劲，又质朴而真诚。“人这一辈子不可能只有一部作品，我计划每年至少产出一部动画作品，每一年的作品都要比上一年的水平更高，更加精彩。”

对于《风筝》获得的众多奖项，王鸿伟表示，自己心态已经平和，后续的创作设想正在有条不紊地推进。“希望得到更多的业内人士的关注与支持，等未来时机成熟时，能够和小伙伴一起做出纯中国风的动画作品，为国产动漫的崛起发展贡献一份自己的力量。”

以美育人，以文化人。王鸿伟从艺术与传媒学院启航，之后的时光有过迷茫、失落和低谷，也有喜悦、掌声与欢笑，更多的是一种成长。我们常说聪明而努力的人最厉害，因为他们同时具备了天赋与热情。有信念的人经得起任何风暴，小屋闭关的青涩学生慢慢成长为意气风发的青年导演，小屋容纳不下他的才华，而他笔下的风筝正载着他的梦环游世界。

（**文字** 刘颂雅 毕冉 王俊芳 **图片** 受访者提供）

——/王有涛/——
用青春熔铸资勘 做“地质精神”的坚守者

王有涛，男，汉族，1989年1月出生，甘肃金昌人，2010年12月加入中国共产党，2012年6月毕业于中国地质大学（武汉）资源学院资源勘查工程系；同年7月就职于甘肃省地质矿产勘查开发局（简称“甘肃省地矿局”）第一地质矿产勘查院。

入职以来，王有涛一直从事区域矿产地质调查、矿产勘查、矿产资源规划类相关工作，秉承“艰苦朴素、求真务实”的校训精神，不怕吃苦、敢于挑战，勇于承担艰苦边远地区的野外一线工作，累计编制各类报告和方案40余份。靠着一股韧劲，他在2021年甘肃省职工职业技能大赛（省级一类）矿化蚀变带勘查技术决赛中荣获第一名好成绩。

坚守初心，从大山中来，到大山中去

“一座矿建一座城。”从金川白家咀超大型铜镍矿床的发现到“腾飞的镍都”崛起，这一切对王有涛产生了强烈的影响。

初中时，他便对矿石发掘产生了兴趣，这种兴趣一直持续到高中。母亲说：“男怕入错行，女怕嫁错郎，咱家旁边那些地质六队队员一天在忙啥你也看到了，你非要选个地质大学，还要上个勘查专业，我看你就选师范大学，将来当个老师挺好。”尽管母亲不是很赞同他选择这个专业，但凭借着持久的兴趣和年轻人的执着，他最终梦圆地大，踏上求学之路。

在地大学习期间，他全心投入、刻苦学习钻研，掌握了扎实的专业本领，综合表现良好，曾荣获“2010年周口店优秀实习生”“2012届优秀本科毕业生”等荣誉称号。

参加工作后，他的第一个工作任务是完成甘肃陇东南地质矿产勘查项目。项目区地形复杂，山陡林密，野外勘查工作强度较大，他始终怀揣那份韧劲，任劳任怨、吃苦耐劳、敢于挑战，圆满完成了项目勘查工作，得到单位领导的高度认可。工作中，他经常主动请缨前往野外一线，因为怀着“用超大型铜镍矿床建起一座城”的憧憬，他暗暗告诫自己：坚守初心，从大山中来，到大山中去，在矿山中丈量青春，在服务家乡发展中体现价值。

▲ 2013年王有涛在陇南市康县进行地质填图和手绘素描

2014—2016年，他参与完成了内蒙古锡林郭勒盟查干陶勒盖（边境）区域矿产地质调查项目。该项目工作区面积大、离驻地远，在野外采样和填图时经常需要住帐篷，且工作强度较大，每天需要步行10万多步。作为项目技术负责人，他带领十几个成员在高温酷暑、暴雨、严寒等环境中作业，充分展现了地质人“三光荣”[①]“四特别”[②]精神及地大人艰苦奋斗的优良作风，组织项目组成员出色地完成了项目任务。在他的带动下，项目组成员们并未因环境的艰苦而怨声载道、松懈工作，草原上反倒常常听到这群地质工作者开怀的歌声和爽朗的笑声。

▲ 2013年王有涛在陇南市文县进行土壤地球化学测量

坚守岗位，在平凡工作中创造不平凡业绩

王有涛对待工作态度端正，对待生活乐观向上，不怕吃苦，求真务实，严把技术质量关，在督促各成员按时保质保量完成各项工作的同时，自己经常加班到深夜。他在工作中从不计较个人得失，不论分内分外的事，只要自己能做，就绝不推辞。他有强烈的集体荣誉感，总是认真执行单位安排的各项任务，自觉遵守规章制度，爱岗敬业。

▲ 2015年王有涛（左四）在内蒙古锡林郭勒盟查干陶勒盖（边境）区域进行野外踏勘

由于野外工作量大、任务重且项目点多面广，因而经常能看到他奔波的身影。随着资勘行业转型升级，在开展野外一线勘查工作之余，他不断加强理论知识的学习，及时“充电”，向老同志、老师傅请教，向市场意识较强的其他部门精英请教，汲取了大量专业技术和市场经营的新理论、新方法，并将新知识充分运用到工作中，展现出过硬的职业技能、优秀的职业素养，身

①“三光荣”精神是指以献身地质事业为荣、以找矿立功为荣、以艰苦奋斗为荣。

②“四特别”精神是指特别能吃苦、特别能忍耐、特别能战斗、特别能奉献。

体力行地践行了地大人的使命和担当精神。

▲ 王有涛（前排右三）在决赛颁奖典礼

功夫不负有心人，经过多年的刻苦钻研、默默奉献和野外一线点滴积累，在2021年甘肃省职工职业技能大赛（省级一类）矿化蚀变带勘查技术决赛中，王有涛荣获个人一等奖。该赛事由甘肃省百万职工职业技能素质提升活动组委会主办，甘肃省地矿局承办、甘肃省地矿局水勘院协办，分为理论考试、岩矿鉴定、实测地化剖面3个部分。比赛中，王有涛沉着应对，凭借着数年如一日般对地质矿产工作的钻研和对野外工作的坚守，展现了过硬的技能水平和较高的职业素养。

坚守梦想，传承母校精神

学习和钻研永无止境，随着多年的沉淀和积累，面临资勘行业转型升级，王有涛深刻认识到要更好地发光发热，就要更加严格要求自己，给自己定更高的目标，提升自身能力以应对新形势下的新要求。2021年5月，他报考“同等学力硕士”，重新回到母校深造。工作多年后再回到母校，他说：“‘艰苦朴素、求真务实’的校训精神深深刻印在我的行为规范中，后续我将继续坚守初心，追逐梦想，汲取知识，积累经验，保持热情，一步一个脚印地往前走，成为一名有担当、对社会有贡献的地大人，继续向矿山进发，向更高更远的天空飞翔。”

（**文字** 毕冉根据资料整理 **图片** 受访者提供）

—— / 殷宗军 / ——
“盲盒”拆出6亿岁“海绵宝宝”

殷宗军，男，1985年生，地质学专业2007届毕业生，中国科学院南京地质古生物研究所（简称“南古所”）研究员，博士研究生导师，国家基金委优秀青年基金获得者，中国科学院创新交叉团队负责人，英国皇家学会牛顿高级学者，德国哥廷根科学院生物学奖获得者，中国科学院青年创新促进会会员，江苏省古生物学会理事。主编论文专辑2部，在*Science Advances*，*PNAS*，*Current Biology*，*Geology*，*Nature Communications*，*Nature Ecology & Evolution*等杂志上共发表论文45篇，以第一作者在*Nature Index*杂志发表论文5篇。研究成果入选*Science*杂志2015年“Top 10 Images”、2016年度和2019年度中国古生物学研究十大进展、2015年度中国地质学研究十大进展，获2016年度江苏省科学技术奖一等奖（3/6）等。

▲ 央视新闻微博报道殷宗军在贵州发现6亿岁“海绵宝宝”

今年，央视综合频道《瞬间中国》节目的一条短视频“贵州发现6亿岁海绵宝宝”刷屏网络，冲上微博热搜。这块海绵化石的发现者——中国科学院南京地质古生物研究所研究员、学校2007届校友殷宗军也因此受到了各界关注。

坐稳冷板凳：热爱从地大萌芽

“做古生物研究，特别要坐得住冷板凳。”殷宗军说。

殷宗军在大别山区长大，一套姐姐赠送的《小学生自然百科》让他第一次领略到古生物领域的魅力。他说：“这套书共6本，我最喜欢《地学》和《动物》，一个讲了地球上的岩石矿物、名山大川，一个从远古动物讲到人类诞生。我爱不释手，书很快就翻烂了。”

考大学时，殷宗军填报了地质学专业，顺利来到了中国地质大学（武汉）学习。大学里，他在课堂上了解到，达尔文曾提到一个挑战进化论的难题：绝大多数现代高等动物的祖先，在5.41亿年到5.18亿年前的寒武纪早期，以大爆发的形式突然出现在海洋中，这一现象后世称为“寒武纪生命大爆发”，而寒武纪之前地球的漫长历史中，却缺乏与动物相关的化石记录。针对这个问题，达尔文的解释是化石的记录保存有不完整性，寒武纪之前的动物可能并没有留下化石记录。这个解释在此后的100多年里引起了很大争议，被称为“达尔文之困”。这个问题始终萦绕在殷宗军的脑海中，激励他探索古生物领域的奥秘。

2006年，正在读大三的殷宗军毅然选择了考研。虽然师兄师姐说古生物是冷门专业，但他依旧决心去中国科学院南京地质古生物研究所深造，这里或许能解答他的疑惑。

考入中国科学院南京地质古生物研究所后，他继续留学深造、做实验、发文章，一步一个脚印做研究，别人眼中的冷板凳对他来说却是“香饽饽”。这份坚持来源于热爱，他希望揭开化石背后隐藏的动物演化历史。这份梦想的种子或许在他懵懵懂懂翻开那册《小学生自然百科》时就已种下，经过数余年的知识灌溉终于抽条发芽、舒展枝干。

潜心钻研：微小化石里有大学问

“我们现在所做的工作像是在翻译一本书，这本书是大自然的历史给我们留下来的无字天书，它的文字是由化石写就的。”殷宗军说。

在南古所进行毕业设计时，殷宗军将目光投向了瓮安生物群。瓮安生物群，主产于贵州瓮安北斗山含磷地层，以磷酸盐化方式保存着6亿年前的化石，诞生于寒武纪大爆发以前。这座可能保存了全世界最古老动物的化石库，被学界视为“动物世界的黎明”。

“2006年夏天，我从北斗山采了几百斤石头，打包发往南京，大海捞针一样寻找化石。”在那个炎热的夏天，殷宗军先用化学方法将几百斤石头融化，再在残渣中一点一点寻找化石，用显微镜来观察。因为怕石头残渣被风吹散，不敢开电扇。在细致的工作中，殷宗军找到了大量从未见过的化石。其中有一种化石十分特别，直径只有不到1mm，外形很像现代动物胚胎，表面上长着螺旋状线圈，这就是后来被称为“瓮安旋孔虫”的化石。

▲ 殷宗军做实验准备工作

通过显微镜和扫描电镜观察分析新发现化石的形态学结构，对完成毕业论文来说足够了。但神秘化石内部是什么结构？它们究竟是动物、植物，还是藻类？这些还需要深入研究。“我想从事感兴趣的研究，只有一条路走到底。”殷宗军说。硕士研究生二年级时，他接受邀选并获得了直接攻读博士学位的机会。

读博阶段，殷宗军申请到法国留学。当时，欧洲拥有世界上最先进的同步辐射加速器，能扫描微米级别物体的内部结构，但即便有了先进的设备，给这些微小的化石做“CT”也并不是件容易事。这种大型科学装置并非为扫描微体化石量身定制，因此用来给微体化石做“CT”时，扫描方法和诸多参数都要反复摸索和调整。“学习了几个月，才掌握扫描技术。遗憾的是，‘瓮安旋孔虫’化石有很厚的囊包，内部生物学结构大多已经腐烂，所有样本都没有扫描到内部结构，也就无从了解它究竟是什么。”好在留学期间殷宗军还有其他收获：通过扫描带来的其他样本，发现了大量保存精美的胚胎状化石，但这些研究，离回答“达尔文之困”还有很长一段距离。“我们不能每次都千里迢迢跑到欧洲，用别人的机器去扫描化石。”殷宗军开始思考，要创新先进技术，让自己的团队来给化石做“CT”。

创新实验室：现代技术助力解读古老生命密码

靠他人的设备终究行不通，还是要有自己的高端设备。在南古所的支持下，2012年博士毕业留所后，殷宗军着手建立化石显微CT实验室，并于2015年建成。

这个实验室中的各类仪器设备一应俱全：硬件上，有“CT机”、显微镜、图形工作站、数位屏；软件上，有各类专业的图像数据处理和三维可视化工具等。这些设备不仅用于瓮安生物群化石的研究，也支撑了琥珀中昆虫多样性、森林的起源等古生物学其他课题的研究。

▲ 殷宗军在显微镜下查验化石

“这个实验室有原始创新，也有集成创新。”殷宗军介绍，正在申请专利的多样本扫描技术就是一项自主创新。“人工将样本逐个放到样品台上扫描，费时耗力，如果能实现自动化不间断扫描，就可以帮助科研人员腾出手，大幅提高设备利用效率。”

殷宗军说，前沿信息技术与这门古老学科可以碰撞出火花。“做古生物研究，特别要坐得住冷板凳。我之所以能坚持下来，除了自身的热爱，也归功于院所的支持以及研究过程中的一项项进展让年轻科学家在起步阶段就可以大展拳脚，品尝到成功的喜悦。”

苦苦坚守:"盲盒"拆出6亿年前海绵化石

殷宗军的日常工作任务是从成吨的砂石样品中筛选出有可能存在化石遗迹的样品,他将自己形容为每天都在"拆盲盒"的人。整整8年,他终于淘出了6亿年前的海绵化石,这份目前全球唯一孤品海绵标本,表明贵州可能是地球上最早出现动物的地方。

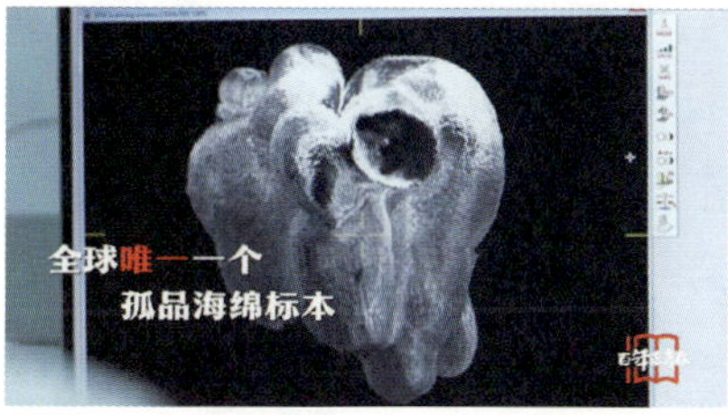

▲ 显微镜下的海绵实体标本1

▲ 显微镜下的海绵实体标本2

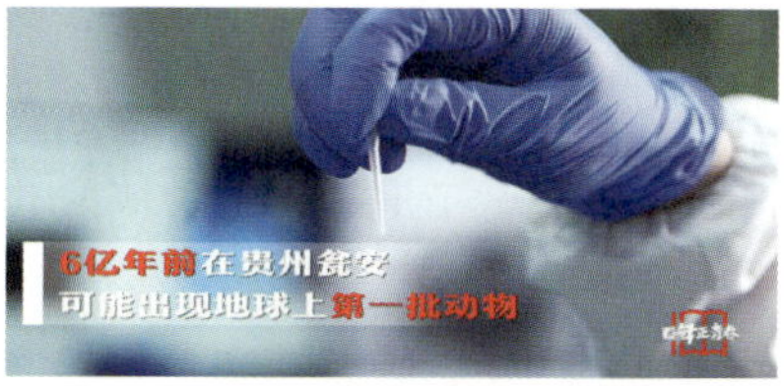

▲ 研究表明6亿年前可能出现地球上第一批动物

在《瞬间中国》节目视频中,他说:"我们为什么日复一日、年复一年,非得要到6亿年前的地层里面、成吨的沙子里面去挑那么一两颗化石和标本出来?这个科学问题回答的就是我们(人类)在这里的原因。我们对地球的改造,对生态环境造成的压力有多少?最后我们的结局会是什么样?评估这样的风险,我们得去看地质历史上曾经发生过什么,以史为鉴知未来。"

殷宗军哽咽道:"我是一个登山者,为了告诉世人山顶的风景,我穿过荒漠、穿过沼泽、穿过荆棘,最后那一刻我看到的景象足以安慰我所有的辛苦。我希望不辜负这个时代,做好自己的研究,在动物起源的教科书中留下一笔。"

《演化的故事》一书中曾言:"这是一个古老的世界,我们在其中只是婴儿般的存在,基因交织如锦的大河环绕我们、穿越我们;它的河道因小行星与冰河、隆起的山丘与扩展的海洋而改变。"殷宗军说,他的科研故事还在继续,动物演化的真相终将逐渐显现,"达尔文之困"终有一天会解开。

(**文字** 毕冉根据原载于《人民日报》的文章(2021-01-12,12版)等资料整理 图片来源于《瞬间中国》《百年正青春》等)

/ 刘佳伟 /
精诚叩大地　匠心驻青山

刘佳伟，1986年生，浙江诸暨人，2012届中国地质大学（武汉）地下水科学与工程专业硕士毕业生，中共党员，注册岩土工程师，浙江省岩土力学与工程学会科普工作委员会委员，曾获得2021年“全国五一劳动奖章”，以及2021年“浙江省劳动模范”、“市级青年岗位能手”等荣誉称号，多次荣获“浙江省地勘系统内部先进工作者”“优秀共产党员”的称号。现担任浙江省有色金属地质勘查局勘测规划设计有限公司规划设计研究所所长，主要从事地质灾害防治和岩土工程勘察设计等相关工作，同时担任自然资源部浙江新昌野外科学观测研究基地滑坡机理研究小组组长及科普小组组长，是青年英才工作室带头人。

▲ 刘佳伟获“2021年全国五一劳动奖章”

地质基因：三代传承　使命担当

“以献身地质事业为荣，以找矿立功为荣，以艰苦奋斗为荣。”“三光荣”精神是老一辈地质人留给后来者的宝贵精神财富，是一代又一代地质工作者的精神信条。刘佳伟一家三代都是地质人，他出生在地质队的家属宿舍楼中，成长在地质队的大环境里，在身边几代地质人的耳濡目染下，幼小的心灵深处早已埋下一粒向往地质行业的火种。几代人，一双解放鞋、一只地质包，天地为家、行走天涯，环境条件的艰苦和身心上的劳累，都无法熄灭地质人心中那团熊熊燃烧的信念之火。

随着科学技术的升级，地质工作者的境况和待遇有了较大改善，但专业性质决定地质工作必须深入野外一线，身体力行。近年来，受全球极端气候频繁爆发影响，地质灾害发生频率高，时间不可预测，灾害种类、发生地点随机性大，作为应急小组成员，刘佳伟常常需要连续几天24小时不间断值守。尽管时代与条件变了，但老一辈艰苦奋斗、积极献身的精神依旧在“80后”刘佳伟的血液里汩汩流动，甚至潜移默化地影响着家风。

▲ 刘佳伟在工作现场

2016年，受厄尔尼诺现象影响，西太平洋台风活动强烈。G20杭州峰会闭幕后，台风“莫兰蒂”“鲇鱼”接踵而至，加上之前梅雨季节降雨量超过往年同期，绍兴地质灾害防治工作面临严峻挑战。那段时间，刘佳伟一直在生产和公益两条战线上脱不开身。也正是这时，刘佳伟的儿子刚刚出生，妻子躺在医院，他白天忙于工作，晚上赶去医院照顾妻子、孩子，片刻后再赶回单位加班。灾情危急的时候，他更是冲锋在一线，甚至连一个问候电话都难以保证。妻子懂得地质工作者肩上的重担与责任，十分支持他的事业。家人的理解和支持也成了刘佳伟前进的最大动力和坚实的保障，能投身于这一份光荣事业，刘佳伟从来无怨无悔。

地质灾害防治事业直接关系群众的生命财产安全，工作以来，无论遇到怎样的艰难险境，刘佳伟始终牢记把群众的生命安全放在第一位。作为浙江省绍兴市地质灾害应急防治专家组成员，每年“台汛”“梅汛”期间，刘佳伟都奔波在辖区内地灾应急第一线，参与重大地质灾害应急抢险。他凭借自己的专业技术，对各类地质灾害的灾情、险情和发展趋势做出科学精准的判断，为村民避险、抢险救灾工作提供科学的决策依据，特别是在浙江省地质灾害防治“除险安居”3年行动中，为保障山区人民的生命财产安全发挥了重要作用，被山区群众亲切称为“灾害中最美的逆行者”。恪守为民情怀，服务一方群众，刘佳伟把这句话牢牢刻在了心头。

匠心锤炼：10年工夫　赛场荣光

2020年11月13日，全国地质勘查行业首届地质调查员（地质灾害方向）职业技能竞赛在广西柳州落下帷幕。经过激烈角逐，刘佳伟以理论考试第一、野外实操考核第一的优异成绩斩获个人第一名，被授予“全国地质勘查行业优秀地质调查员（地质灾害方向）”的荣誉称号，同时也为浙江队获得团体第二名立下汗马功劳。

这是全国地质勘查行业首届地质调查员职业技能竞赛。大赛由中国能源化学地质工会全国委员会、自然资源部地质灾害技术指导中心、自然资源部职业技能鉴定指导中心联合主办，来自全国各省（市、自治区）和专业团体的27支代表队参加了比赛，其中决赛实操考试设置在野外地质灾害滑坡现场，要求参赛选手在规定时间内完成地质露头点测绘、滑坡调查、典型钻孔编录，并形成相应的综合调查报告、风险评价等成果，是对参赛选手技术技能的全方位比拼。在决赛中刘佳伟不负众望，克服了水土不服和地质背景条件陌生的困难，在与西南、西北和华中等传统强队的比拼中脱颖而出，最终以双第一的成绩问鼎，同时为浙江省创造了相关领域比赛的最好成绩。

赛场上的比拼是一时的，工作中的追求是永恒的。地质学是一个综合性很强的学科，地质工作者面临的问题错综复杂，单一的知识结构会导致解决实际问题时思路存在片面性，为了拓展知识面，全方位提升知识水平与业务技术，2017年，刘佳伟通过自学考取了注册岩土工程师证书，并加入了浙江省岩土力学与工程学会科普委员会。他凭着对地质行业的一腔热情，以积极向上的态度和孜孜不倦的追求，一步一步向上攀登。赛场荣光，一朝锋芒，背后是10年工夫、千锤百炼。

精益求精：攻坚克难　开拓创新

业精于勤，术专于攻。参加工作以来，刘佳伟在技术岗位上积极钻研创新，承担了多项攻坚克难项目。

2015年浙江长兴“金钉子”标准地质剖面遭受了严重的地灾威胁，该地质剖面是全球古生代与中生代分界的唯一标准地质剖面，同时也蕴含了二叠纪末期生物大灭绝的秘密，是地球演化过程中留给全人类的宝贵遗产。为了保护该地质剖面免受地质灾害和风化侵蚀的破坏和威胁，当时国土资源部成立专家组对该剖面的保护方案设计进行全程论证和督导。在最后的技术竞标阶段，刘佳伟负责编制的治理修复初步方案从众多竞标单位中脱颖而出，成为了后续深化设计中的唯一入选方案。为了做好后续深化设计，白天他深入野外一线，调查测绘，晚上挑灯夜战、整理资料，最终成果方案获得了南古所、中国地质大学等单位

▲ 刘佳伟在山体滑坡现场勘测滑坡位移数据

的多位专家、教授的充分肯定。

随着阅历和经验的不断积累，刘佳伟从事的工作也逐渐从地质灾害向更为广阔的岩土工程领域延伸。作为公司项目负责人，除参与传统的地质灾害和建筑边坡项目外，在其他地方市场，他积极参与山塘水库整治勘察，各类库区、道路边坡勘察，江岸河堤稳定性评价等；在道路桥梁工程方面，他积极参与浙江省绍兴地区的群贤路延伸改造工程、越东路智慧快速路工程、二环南路智慧快速路工程等重大勘察项目，为绍兴市构建“六横八纵”智慧交通网络，加速杭绍同城进度，推进长三角一体化贡献自己的一份力量。

2020年，刘佳伟牵头并参与实施的“三门县蛇蟠岛采史古遗址洞窟安全评价”项目，将山体内部洞窟三维激光扫描和计算机建模数值分析相结合，探索了传统地质调查与三维激光扫描技术在景区开发和古遗址保护利用方面的应用，在得到了业主肯定的同时，也拓展了公司在地下围岩勘察、评价领域的业务范围，取得了良好的社会效益。

在完成好自己的本职工作以外，刘佳伟还积极投身于科研项目，努力实现产学研一体化。作为青年英才工作室带头人，刘佳伟团结带领队员完成多项重点生产任务及科研项目，为单位发展做出了重要贡献：他为自然资源部浙江新昌野外科学观测研究基地（浙江省唯一）建设及复评复审提供了宝贵的第一手资料；参与的“提高滑坡剩余下滑推力计算结果的精度”项目荣获中国有色金属建设行业勘察系统优秀QC[①]成果三等奖；参与的“马园、施家桥、芳泉三处矿山岩体边坡稳定性评价与治理设计”项目荣获浙江省岩土力学与工程学会科学技术进步奖一等奖；“绍兴滨海地区地面沉降易发区预测评估”项目成功申报绍兴市市级公益性技术应用研究计划，同时“基于不同钻孔地质条件的地面沉降分区方法”“典型区域地面沉降影响因素确定方法”“基于钻孔资料的三维地层模型构建方法”3项知识产权正在专利申报过程中；其负责牵头申报的“萧绍平原第四系工程地质标准层位划分研究”课题研究成果，对绍兴乃至整个萧绍平原滨海沉积地层的划分和工程鉴别具有重要的参考价值。

“建设知识型、技能型、创新型劳动者大军，弘扬劳模精神和工匠精神，营造劳

①QC即quality control的简称，中文含义为质量控制。

动光荣的社会风尚和精益求精的敬业风气。”党的十九届五中全会擘画了我国面向未来的宏伟蓝图，在这承上启下的伟大时代，作为千千万万地勘人中的一员，刘佳伟在地质“三光荣”精神的引领下，树立理想、坚定信念，穿越江河湖海，行走泥泞绝壁，经历风餐露宿，感受栉风沐雨，努力提升思想政治水平和业务技能水平，在平凡的岗位上做出不平凡的成绩！

（**文字** 毕冉根据自然资源部宣传教育中心、浙江省人民政府网站相关报道整理）

/潘屹峰/

唯有打破重构　方能创新超越

潘屹峰，男，汉族，1982年9月生，中国地质大学（武汉）土木工程专业本科毕业生，高级工程师。2005年参加工作，先后在中国南方电网有限责任公司（简称“南方电网”）、中国能源建设集团有限公司下属企业担任过项目经理、主任工程师等职务。2017年6月，他以联合创始人身份创立了广州中科云图智能科技有限公司（简称“中科云图”），担任公司法人、总经理，兼任中国地理信息协会军民融合工作委员会委员、广东省地理空间智能工程技术研究中心副主任。从土木工程专业到地理信息领域，从工程师、高校教师到企业家，潘屹峰的人生从不畏惧挑战。不破不立，唯有打破重构，方能创新超越。

▲ 潘屹峰参加工作会议

学无止境　敢于“跨界”

地大求真务实的学习氛围和注重独立思考、拓展全方位能力的育人理念，深深地熏陶着潘屹峰，并潜移默化地影响了他今后的人生道路。大学期间，潘屹峰专业成绩优异，还在课余时间自学了计算机软件编程，并长期兼职学生工作，创办过社团，还尝试了一次小型创业。

毕业后，潘屹峰先后在中冶集团武汉勘察研究院有限公司、浙江广厦建设职业技术学院、广东省电力设计研究院从事工程勘察、教育、岩土设计等工作，并参与了多个国家级项目的建设。多重身份角色的转换带给他不同的感悟收获，不同领域的经验积累也拓宽了思维，打开了视野。

2009年，潘屹峰接受了新挑战，开始专职从事地理信息及无人机研发工作，正式跨界到无人机遥感技术领域。由于在南方电网、中国能源建设集团有限公司下属企业担任过项目经理、主任工程师等职务，积累了研发无人机智能航测系统、航飞影像快拼魔方、无人机智能操作系统、树障分析软件、缺陷隐患分析软件、无人机管家、巡视数据三维管理系统、海底电缆检测三维可视化产品的经验，为南方电网早期采用无人机巡检代替人工巡检提供了强大的技术支撑和实用的信息化工具。他在国内首次提出基于小型多旋翼航测方案和多旋翼电力智能巡检方案，在业界引起巨大反响。他负责研发的“GEDI电网基础地理信息系统”被中国电力规划协会鉴定达到“国内领先、国际优秀”的水平。

至今，潘屹峰负责和管理8项研发项目，参与4项重大研发项目，参加3项市级科技项目，相关研发成果获10多项发明专利、20多项实用新型专利、1项电力专有技术，参加3项行业标准起草工作和10多项团体标准起草工作。曾获得天津市人民政府科学技术进步奖一等奖、中国地理信息产业协会地理信息科技进步奖一等奖、国家测绘地理信息协会测绘科技进步奖二等奖、广东省工程勘察设计行业协会工程设计一等奖、广东省优秀测绘地理信息工程奖一等奖、广州市人民政府科技进步奖二等奖等多项荣誉。

2017年6月，潘屹峰作为联合创始人，创立了广州中科云图智能科技有限公司。4年多的时间，这家公司发展为拥有近百项自主知识产权、年产值过亿元的独角兽“高精尖”企业。

“跨界”算是潘屹峰的一个鲜明“标签”。在专业上，他从土木工程专业跨界到地理信息领域，并成为国内知名的无人机遥感技术专家；在职业上，他跳出原有稳定圈，毅然选择创业，从资深技术咖跨界成为新锐企业家。而敢于跨界靠的不仅仅是勇气，更是岁月沉淀的触类旁通的学问。

创业先锋　追求超越

潘屹峰一直有个创业梦。他在大学时就尝试过创业，虽是牛刀初试，却就此点燃了内心的创业火种。2014年,潘屹峰考入中山大学岭南学院,攻读工商管理研究生课程,系统学习了企业管理相关理论,研究和阅读了大量的企业管理案例,对企业经营管理有了更加全面深刻的认识。

▲ 工作中的潘屹峰(左)

广州中科云图智能科技有限公司成立时,共4名员工,外加一间不足20m²的办公室,以提供电力和水务行业无人机巡检服务起步。潘屹峰身兼产品研发、销售、技术服务等多职于一身,在市场上艰难打拼。凭着锲而不舍的拼搏精神以及熟练的技术和深厚的行业积累,公司先后研发了无人机自动驾驶系统、激光雷达传感器以及点云、影像和电力巡线后处理软件等产品。在市场上摸爬滚打了半年多之后,公司慢慢站稳了脚跟,开始有了盈利,并陆续招聘了一些新员工,组建了研发和销售团队。

凭借在无人机领域多年的工作积累,他十分敏锐地看到无人化空中自动巡检系统将为无人机在各个行业的广泛应用带来井喷式的发展机遇。

说干就干。潘屹峰带领研发团队投入了新一轮研发工作中,历时一年多的努力,团队成功研制了无人机智能基站—云巢系列、5G无人机平台、AI前端识别模块、激光雷达传感器等多平台无人机自动驾驶系统。2019年中科云图正式发布国内首个无人化空中自动巡检系统,该技术是由"云巢+5G网联无人机"结合中科云图自主研发的自动驾驶和导航技术组成,可动态规划无人机巡检航线,从高空、低空和设备间3个维度开展精准智能巡检,大幅降低了运维工作强度,解放了劳动力,降低了作业风险,保障了电网安全运行。

▲ 潘屹峰团队研发成果被报道

该产品一炮打响,先后在广东、湖南等地的变电站完成带电巡检,并在全国其他省份多个变电站试点项目中得到应用,极大地提升了巡检效率和安全性,受到客户高度认可。

无人化空中自动巡检系统的推出，让中科云图在全国电网行业无人机自主巡检系统的市场占有率跃居首位，该技术在其他类型能源设备巡检、环境立体监测、交通空中巡查、工地智能管理等领域也都有着广泛的应用前景。

企业要想长足发展，绝对不能止步不前“啃老本”，应当居安思危，迭代创新。在潘屹峰看来，一名合格的企业领导人应当具有引领行业发展的前瞻性眼光、严密的战略布局能力和坚定的执行能力。顺应低空经济发展大潮，潘屹峰再次打破固有思维，提出组建无人机遥感网，为客户提供遥感网运营服务。

2020年12月，中科云图创新发布了低空无人机遥感网运营平台及解决方案，它是以自主研发的无人机智能基站为载体，以地理空间智能分析技术为核心，集成多型号无人机、多功能传感器和机载AI计算模块，构建全空间GIS框架下的“空地一体”的协同组网模式，实现地表资源的高频次、高精度、全自动和立体化监测。

▲ 潘屹峰（前排右一）在“5G网联智能无人机系统”创新创业团队扶持奖励协议签订仪式

低空无人机遥感网运营模式是潘屹峰在商业模式上的又一次突破性创新，它让中科云图跳出传统的服务商和设备供应商的范畴，跨界到遥感网运营商这一业务主体。潘屹峰立志将中科云图打造成全球领先的低空无人机遥感网运营商。

无人机遥感网　助力低空经济

遥感网解决方案在实践中得到了有力的验证，目前已在城市网格化管理、电力、水利等行业的具体项目中实现了深度应用。潘屹峰将带领公司继续加大低空无人机遥感与地理空间智能产品的技术研发力度，围绕电力、水务、林业、交通、公安、城管、应急、城市管理八大行业，打造20个以上应用场景，研发上百种智能分析算法，组建覆盖全国的低空无人机遥感网组网运营系统，实现无人机“10min必达”的快速响应效率，为我国低空经济的腾飞插上智能化遥感的翅膀，为打造更加安全、可靠、高效的生产和社会生活环境而持续努力。

潘屹峰勉励地大的学弟学妹要敢想敢做，勇于打破常规思维，养成深度思考的习惯；对于选准的目标要全力以赴，认真走好计划中的每一步。

（**文字** 毕冉根据相关资料整理）

—— / 夏文才 / ——
从江城武汉到雪域高原的援藏工程师

夏文才，1984年生，湖北咸宁人，2011年毕业于中国地质大学（武汉）土木工程系，硕士研究生学历，中共党员，高级工程师，注册一级建造师，湖北省第九批援藏专业技术人才。荣获“武汉建工集团先进工作者能手”“科技进步与创新先进个人”和“优秀共产党员”的称号。2021年3月，作为湖北省第九批援藏专业技术人才之一到山南市乃东区住房和城乡建设局（简称“乃东城建局”）对口支援，主要从事工程建设项目管理及工程质量安全监督管理等相关工作，同时助力受援单位的技术人才传帮带培养。

一次偶遇：从地大学子成长为武建工程师

2007年，夏文才第一次乘火车出行，在正在改造升级的武昌火车站看到了“武汉建工”4个大字，他心想：“这个企业很了不起，能承建这么‘高大上’的项目！以后要能到这里工作就好了。”这样的想法在他心里萌芽。

2010年秋，即将毕业的夏文才同千千万万大学生一样，面临着就业问题。10月的一个周末，他抱着试一试的心态来到校内的招聘会现场，而“武汉建工”4个字再次映入他的眼帘。他果断走上前，向人力资源部的王总毛遂自荐，并放弃了其他投递简历的机会。事实上，这是他第一次参加应聘，也是他第一次投递简历，特殊的缘分让他很荣幸地加入到武汉建工集团有限公司（简称“武汉建工”）这个大家庭。

作为一名刚毕业的大学生，初到职场，一切都要从头学习。经过岗前培训，夏文才被分到了武汉建工承建的第一个（层高在武汉排第二）超高层住宅项目——

天宇盛世滨江工作。超高层住宅高度高，具有强烈的标志性和可识别性，同时在施工过程中面对测量精度要求高、避难层悬挑平台施工难度大、混凝土泵送要求高、物料垂直运输频繁等一系列问题，需要技术人员不断研究和总结。经过这个项目上的不断锤炼，夏文才在工作中更加成熟稳重。

2013年，夏文才被调到公司科技管理部（企业技术中心）从事科技进步与技术创新管理工作，在企业技术中心工作的两年时间，通过实践总结及技术创新攻关，他先后研究出省级工法2项，取得发明专利1项、实用新型专利10多项，参编地方标准1项，发表论文4篇。2015年，他再次承担项目，任项目技术负责人，先后主持实施了商业综合体、养老服务中心、5A级写字楼光谷科技大厦等项目。商业综合体项目地点离家有50km，当时他的孩子刚上幼儿园，而项目处于主体施工和装修衔接关键阶段，为了保证工作顺利推进，夏文才毅然选择在项目施工地吃住，一周回一次家。爱人善解人意，支持夏文才的工作，年幼的孩子和老人全部由她一人照顾。而更遗憾的是，2015年8月和9月，夏文才的父亲和岳父先后去世，而他却没赶上见老人最后一面。

功夫不负有心人，付出终有回报，夏文才多年如一日的专注辛劳取得了丰硕的成果。在质量管理方面，凤凰商业服务中心项目先后获得武汉市工程建设质量"黄鹤杯"、湖北省工程建设质量"楚天杯"，取得武汉市QC成果一等奖，夏文才个人被评为"武汉市质量优秀推进工作者"；在新技术推广应用方面，凤凰商业服务中心被评为湖北省新技术应用示范工程，光谷科技大厦项目获得武汉建筑业协会主办的第二届"汉阳市政杯"BIM应用技能大赛优秀奖并被评为湖北省绿色施工暨绿色建造技术应用示范工程；在科技成果方面，他研究出省级工法1项，获得实用新型专利12项，发表论文6篇，个人被评为"武汉建工集团科技进步与技术创新先进个人"。

在项目管理方面，他主持策划了区级项目质量安全现场观摩会和区级武汉重大项目集中开工仪式各1次，大型项目开工奠基仪式3次。通过在基层的锻炼，夏文才同志逐渐成长为一名合格的武建工程师。

一声号令：加入到英雄武汉的抗疫大军

2020年，新冠肺炎疫情突如其来。面对封城、物资短缺、劳动力不足等重重困难，武汉建工作为铁军队伍，始终奋战在抗疫一线，先后参与医院隔离改造、火神山医院建设、方舱医院建设等工作，积极承担党员下沉社区等任务，在党中央的关怀和全国人民的支援下，为英雄武汉战胜疫情做出了不可磨灭的贡献。

彼时的夏文才正在老家，却第一时间积极申请返汉，回到武汉当天就主动申请到防疫任务重、情况复杂的黄鹤楼街道大成社区值守夜班，担任值守小组的领队。该社区常住居民多、人员复杂，有多个防疫隔离点，管控任务非常繁重，但是他和公司其他党员值守小组不畏风险，不怕困难，坚持对每一位进出的人员做好登记，严格执行“身份必问、信息必录、体温必测、口罩必戴”的工作措施，在疫情关键时期坚持值守半个月，累计完成16 000人次的体温测量工作，230位外来人员的登记工作，劝返外出居民500人次，联系社区解决突发问题10多次。

一次机遇：背起行囊踏上高原

2021年初，接到公司征求个人援藏意愿的消息时，夏文才毫不犹豫地报名，并积极参加援藏体检和材料上报。经过严格选拔，他有幸被组织选派为湖北省第九批援藏专业技术人才，同时也是武汉城建集团武汉建工选派的首位一年半期援藏干部人才，前往西藏自治区山南市乃东城建局支援。

从接到通知到出发，只有短短不到10天的准备时间。这段时间里，夏文才虽对家人不舍，但仍没有离开自己的工作岗位，在临行出发的前一天还在与同事办理收尾对接工作。

湖之北、山之南，湖北山南心相连。3月12日，夏文才背上行囊，奔赴远在3251km外的西藏山南。到高原后，他克服头痛、头晕、失眠、流鼻血等高原反应带来的不适，进行了紧张的培训，熟悉在建工程清单和各项目进展与监管重点内容，翻阅核查在建工程设计图纸……他用工作实践书写赤胆忠诚，用满腔热忱诠释担当责任，充分展现了城建铁军胸怀大局、艰苦奋斗、无私奉献的良好形象。

▲ 夏文才在山南市乃东区泽当棚改项目工地

刚到西藏，单位的领导和同事都非常关心他到山南后的适应情况，他在电话里对领导和同事说："感谢公司领导对我的充分信任，我一定要发挥共产党员的先锋模范作用，以缺氧不缺精神、艰苦不怕吃苦、海拔高境界更高的标准要求自己，努力做到'在藏1分钟，奋斗60秒，切实肩负起这一艰巨任务和重大使命，不辜负大家对我的厚望，尽我所能帮助藏区同事，为藏族同胞谋福利，为藏区建设做贡献。"

援藏半年来，夏文才同志得到受援单位领导和同事的一致好评。他亲自下工地检查上百次，乃东区住建局监管的项目有30个，属地责任项目有76个，他对每个项目都亲自检查指导多次。他还先后参加湖北省援藏工作队组织的高质量援藏动员大会及考察活动；3月20日参与组织了西藏长投农业科技发展有限公司与昌珠镇签订的三产融合"西藏长投农业昌珠镇全域有机种植基地"项目的签约仪式活动以及5月28日在武汉举行的旅游援藏推介会活动启动仪式；6月25日，参加了拉林铁路开通仪式和泽当大道沿线环卫整治暨工地文明施工整治保障活动；8月，参与了为纪念西藏和平解放70周年庆祝活动而开展的城区环卫整治提升以及工地文明施工提升工程等。

作为项目建设单位代表，他积极推进各项目管理工作。乃东城建局代管的项目有8个，其中代表性项目有泽当大道片区城中村棚改以及香曲西路改造（山南市迎大庆重点工程，拆迁难度大，工期紧）。他协助局领导对以上项目开展相关工程管理及协调工作，每周参加项目工程例会，检查工程安全质量以及协调项目进度。累计参加相关验收会议、专题调度会及日常检查共80余次。

▲ 夏文才参加环境整治工作

▲ 夏文才在山南市乃东区建筑工地工作

半年来，他结合专业知识和积累的经验，积极参与项目技术咨询服务，参与重大方案优选谈论会，参与安全事故调查，完成《城市治理调研报告》，还开展了"装配式建筑政策及技术应用”宣传工作并以“安全生产大讲堂”为题向大家授课。他完成西藏地区自然地理环境考察4次、人文考察3次、建筑业专项调查2次；在个人微信公众号发布自媒体宣传稿件100余篇，每月完成工作总结1篇，完成工作笔记字数约6万字。他协调武汉工程专家对相关工程技术质量、安全问题及合同、设计方案进行十几次“云评审”，扎扎实实落实每一个工作细节。

从地大学子到武建人，再到援藏工程师，夏文才有理想、担道义。从江城武汉到雪域高原，他始终爱岗敬业，保持本真，心之所向，便是一路芬芳。

（**文字** 毕冉根据本人提供相关资料整理）

——/ 靳立杰 /——
地质调查践使命　一带一路勇担当

靳立杰，男，河北宁晋人，1987年生，汉族，中共党员，2011届地质学专业本科毕业生，2014届地质学专业硕士毕业生。工作以来，他先后担任中国地质调查局油气资源调查中心（简称“油气中心”）、山东省地勘基金项目负责人，现任山东省第一地质矿产勘查院（简称“山东省地矿院”）非洲事业部副主任、安哥拉地质调查项目经理。他先后获得山东省地质工会授予的“最美地质职工”称号，山东省地矿局授予的“青年拔尖人才”称号，山东省地矿院授予的“突出贡献奖”以及“技术质量标兵”“优秀职工”等荣誉称号，并获得各类科学技术奖5项。2019年为响应国家“一带一路”倡议和山东省地矿局“走出去”战略的号召，他主动请缨带队赴安哥拉开展区域地质调查项目。

克服艰难险阻　服务“一带一路”

走在崎岖蜿蜒的小路，钻入茂密的非洲丛林，淌过或深或浅、或急或缓的河流，偶遇罕见的凶猛动物……这不是什么丛林冒险节目的惊险桥段，而是靳立杰在遥远的安哥拉的真实工作经历。

安哥拉地处非洲西南部，是世界最不发达国家之一。这里地大物博、国土富饶，但地质调查工作水平较为落后，大量矿产资源仍未探明。安哥拉地质调查项目依托于PLANAGEO(国家地质计划),是安哥拉国内首个全面系统性基础地质调查项目。2019年安哥拉地质调查项目正式启动,山东省地矿一院承担的其中CITIC－3及CITIC－5区块地质调查工作,工作区面积共计约13.6万km^2,占安哥拉国土总面积的10.92%。这是服务"一带一路"沿线国家,积极拓展海外地质市场的重要举措,对开拓非洲地质市场具有重要意义,是"走出去"战略迈出的坚实一步。面对可以预见的危险和艰苦的工作生活条件,靳立杰毫不犹豫地响应号召,带队赶赴安哥拉野外一线开展工作,坚定地扛下安哥拉地质调查项目这面沉甸甸的旗帜。

未到过安哥拉的人,很难想象在原始森林里开展基础地质工作的困难与危险。地形复杂、人烟稀少、基础设施极度匮乏,缺水少电更是常态,即便在城镇地区手机信号也经常全无,交通条件差,很多工作区域只能穿林过草徒步抵达。你永远都无法预测会有哪些危险不期而至:前方的某处或埋着一颗地雷,正在等待一次意外的相遇;蟒蛇毒蛇蜿蜒前行,正在搜寻果腹之物;野象群嬉戏活动,人类渺小如蚂蚁;密林深处,方向难辨,进难出更难;蚊虫肆虐,疟疾、登革热等病毒常伴左右;暴雨突至,湍急的河水奔涌而来……不仅如此,安哥拉地质调查项目工期短,技术规范及相关要求与国内不一致,与当地人交流沟通也十分困难。

▲ 靳立杰在授旗仪式上接过出征旗(右四)

▲ 工作人员在野外地质调查时穿过丛林

"艰难困苦,玉汝于成",客观环境虽然艰苦,但作为新时代的地矿人,靳立杰迎难而上,习惯了把困难当成挑战、把苦累当成磨砺,在充满着野性与挑战的非洲大地开拓着地矿人的事业。作为项目负责人,靳立杰是"多面手",队伍管理、语言交流、技术辅导,样样不在话下,他还是个"马前卒",总是有一股子热情和冲劲。他说:"无论何时我都要冲在前、走在先。毒蛇可能会咬人,也一定要先咬我;万一有人不小心踩到雷，也希望第一个是我。”与蚊虫相伴无数个日夜后，靳立杰感染了疟疾，时而寒冷至极、时而高烧不退，浑身疼痛难忍、昼夜难眠……尽管如此，他还不忘叮嘱项目部的同事，不要将消息透露给单位和家人，以避免他们担心。就医期间，他也没闲着，调度路线、督促工期……就这样，他咬紧牙关坚持了近半个月，身体逐渐康复。

野外工作平均日行2万步，带着白天的疲惫，晚上继续在驻地整理资料、填写工作日志到深夜……这种情形是靳立杰和同事们的工作常态。进入10月以来，工作区局部进入当地雨汛季，为了赶工期，他们更是开启“7×14”工作模式，一周7天、每天14个小时连轴转，没有双休日和节假日。即便是在这样的工作环境和工作强度下，靳立杰也从未叫苦喊累、退缩畏惧，安哥拉西北部威热、本戈、罗安达、北宽扎、马兰热、北隆达、南宽扎、比耶、万博9个省份，都留下过他忙碌的身影，艰辛与不易被他深埋在心底，他的脸上总是挂着一项项难关被攻克后满足的笑容。

责任在肩在心　勇敢逆行疫情

当国内新冠肺炎疫情已经得到有效控制时，安哥拉的疫情却仍在肆虐，并且没有丝毫向好的迹象。因工作需要，2020年10月，靳立杰带领项目组勇敢逆行，返回安哥拉继续工作。40个小时的航班，他全程穿着防护服，全身被汗水湿透。

安哥拉疫情肆虐、医疗物资匮乏、人员防护意识差，这些因素对团队成员的人身安全和野外工作的开展都造成了极大的困扰。靳立杰率领的项目部共有10名党员，他们离乡离国不离党，成立非洲事业部党支部，作为党支部书记，靳立杰始终保持坚定的信念，带头发挥党员的先锋模范作用，一方面做好疫情防护工作，另一方面全面复工复产推进项目实施。

▲ 项目组返回安哥拉复工复产

▲ 非洲事业部党支部党员在安哥拉合影

他们攻坚克难、一丝不苟的工作态度和精湛的专业水准也一次次赢得了业主单位——安哥拉地质调查研究所的高度评价和认可。

铸梦他乡山水　地矿精神不改

无经天纬地之才，无逐名争利之心，不求干出一番丰功伟绩，只愿在自己的岗位上脚踏实地，扎扎实实做好自己的本职工作，只问自己能为集体、单位、国家贡献多少力量、还能付出些什么，老一代地矿人的精神在靳立杰的身上闪现着。

▲ 安哥拉地质调查研究所成员到野外检查工作

驻扎在安哥拉的日子里，项目部人均行程 15 000km 以上，提交矿产地（点）100余处，形成成果报告20份、地质图件20份，资料合格率100%，资料优良率达到95%以上，工作成果和潜在价值得到了安哥拉地质调查研究所的高度评价。

“自从踏上非洲这片土地，我就深知自己肩上的使命。能用自己的微薄之力为安哥拉人民提供地质服务，我是自豪的！能在安哥拉甩开臂膀干事业，离不开我的妻子、女儿无怨无悔的支持，我是幸福的！”靳立杰用自己的行动积极服务“一带一路”沿线国家建设，带动地矿事业与当地各项工作广泛融合、深度融合，是扎根在海外、建功在海外、奉献在海外的地质工作者代表。他在异地他乡的万山丛中探寻大地本真，哪怕相隔万里，“铸梦山水，地质报国”的理想也深深扎根心中。

（**文字** 毕冉根据山东省第一地质矿产勘查院微信公众号发布的资料整理）

——/李家斌/——

兢兢业业忘我奉献　学无止境勤则可达

李家斌，男，汉族，贵州遵义人，1986年7月出生，2008届地大地球物理专业本科毕业生，2015届地大地质工程专业硕士毕业生。荣获2018年中国技能大赛“劳雷杯”首届全国地质勘查行业物探职业技能竞赛“全国地质勘查行业物探优秀人才”称号，荣获2018年中国技能大赛“劳雷杯”首届全国地质勘查行业物探职业技能竞赛第十一名，荣获“2018年度局级先进工作者”、“2019年贵州省五一劳动奖章”、2017—2019年度”贵州省地矿局优秀共产党员”、“省直机关‘立足本职、爱岗敬业’文明标兵”等称号。获发明专利授权2项，获实用新型专利授权12项，发表专业论文16篇，出版专著1部。在贵州省总工会组织的职工技术创新优秀成果评选中，他所带领的团队被授予“贵州省2017年职工技术创新优秀成果一等奖”。

2018年2月李家斌入选贵州省地质矿产勘查开发局（简称“贵州省地矿局”）第一批地质科技创新型杰出人才培养工程名单，同时担任贵州省地矿局专家委员会地球物理组专家、副组长，中国地球物理学会贵州办事处副主任委员，现任贵州省地质调查院副总工程师、地球物理调查研究所所长、党支部书记，贵州省地质物探开发应用工程技术研究中心团队负责人、正高级工程师。十余年来，他在野外地质一线工作，带领队伍在多个物探项目中取得优秀成绩，获得广泛赞誉。

兢兢业业　忘我奉献

若要用两个词来形容李家斌，那一定是兢兢业业、忘我奉献。他的敬业精神从一毕业就体现在工作中，并且又在工作中不断积聚。

李家斌是贵州省地矿局委托中国地质大学（武汉）培养的第一届定向委培生，曾参与开展保山-巍山地区1:20万区域重力调查工作。一次，他与队员一起徒步穿越直线距离为14km的澜沧江地形复杂区域开展工作。下午7时，当他们按计划完成该区域工作时，却得到了因道路垮塌、车辆无法到达约定集合地点的消息。这意味着李家斌等同志将背着价值几十万元的重力仪沿原路返回。重力仪是区域重力调查中使用的高精度测量设备，其测量精度达1μGal，在运输、使用中均需特别小心，任何小的敲击、碰撞均可能报废当天测量成果，敲击、碰撞力度稍大还可能对重力仪造成致命损坏。面对突如其来的变化，李家斌等同志当机立断，为保证人员、仪器安全，采用团结协助的办法前进，于次日凌晨2时安全到达乘车地点。作为新进大学生，李家斌冷静沉着、优异的表现让队员们刮目相看。

2010年，李家斌独立承担临沧－勐海地区1:25万区域重力调查项目。该项目工作区位于我国西南边陲，与缅甸接壤，手机信号覆盖不全，交通不便，自然保护

▲ 团队在乌蒙山连片特困地区开展工作

▲ 李家斌(右二)带领团队在四川—贵州边境地区开展区域重力调查

区众多,每日工作需要从驻地驱车3~4个小时才能到达计划工作区域。李家斌常带领团队在凌晨4时就开始一天的工作,直至晚上9时左右才回到驻地,在这样高强度的工作环境节奏下,他们陆续完成了勐海南滚河自然保护区、耿马大青山自然保护区、沧源富坎自然保护区、澜沧县糯扎渡自然保护区和科内泊山自然保护区的区域重力调查工作。辛勤付出,总会有丰硕收获,李家斌所主持的该项目野外数据采集及报告编写工作均获评“优秀级”,这些艰苦却意义重大的工作经历形成了李家斌做事干练果断的风格,增强了李家斌工作统筹能力。

如何平衡好工作和家庭对很多人来说都是个难题,李家斌也不例外。在婚宴举办前夕,他接到解决西藏山南罗布莎物探工作技术难题的任务,果断做出抉择——急赴罗布莎工作区解决技术难题,直到婚宴当日凌晨4时才匆匆回到贵阳。

李家斌顾大局、舍小家,干一行爱一行,热情饱满、昂扬向上的精神面貌感染着身边的每一个人,兢兢业业、忘我奉献也成为了他的精神名片。

▲ 李家斌向专家汇报物探方法技术

勇担重担　创新发展

李家斌先后在多个岗位上工作,积累了较为丰富的统筹协调经验,具有清晰的工作思路,在创新驱动发展成为主流的当下,他也在自己的领域不断创新开拓。

2016年，担任院地球物理调查研究所所长后，他快速进入角色，找准工作着力点。面对国家大调查项目骤减、社会勘查市场萎缩的不利局面，他创新性提出“3+18”工作法，开展项目联系工作上百余次，洽谈项目72个，签约项目29个。为了进一步完善地球物理调查研究所管理制度，他还牵头制定了部门绩效考核管理办法等一系列制度，并在所内先行先试，为项目的有序实施提供制度保障。这些理念上、管理上的创新推动了地球物理调查研究所的创新发展，激发了干部职工工作积极性，取得了良好的应用效果。

2016年，由地球物理调查研究所牵头申请的贵州省地质物探开发应用工程技术研究中心获省科技厅批准建设，标志着地调院地球物理专业取得的丰硕成果得到科技厅的认可。依托工程中心建设及多项科研项目开展，李家斌所带领的地球物理调查研究所团队产出较多高质量的科技成果。他牵头负责组建的贵州省地质物探开发应用工程技术研究中心被贵州省总工会授予“贵州省2017年职工技术创新优秀成果一等奖”。而李家斌作为该中心团队负责人，坚持加强和科研院所的交流合作，创新性地完成了工程中心的各项考核指标。

多年来，他带领团队在地下水勘探、新型能源、战略性资源、污染源治理等领域广泛拓展业务，业务增长率占建院以来新高，位列院属二级生产部门首位。

学无止境　追求卓越

学无止境，勤则可达，志存高远，恒亦能成。爱学习、肯学习是李家斌的另一张精神名片。

李家斌十分注重加强业务技能和思想政治方面的学习，曾先后带队与东盟、“一带一路”沿线相关国家、中国地质调查局相关单位进行学术交流并参与相关培训。通过学习宣传贯彻党的十九大精神、习近平总书记重要讲话精神，他不断提高自身政治理论水平和自身的综合素养，营造团队共同学习成长的良好氛围，为担负起成果提炼、队伍建设和市场拓展的重任提供了坚实的基础。

在提升自身专业技术水平及综合研究能力方面，李家斌付出了很多的心血和汗水。继2012年破格获评工程师、2016年再次破格获评高级工程师后，李家斌于2017年被聘为贵州省地矿局专家委员会工程技术组专家，2019年被聘为贵州省地矿局专家委员会地球物理组专家、副组长。2018年入选贵州省地矿局第一批地质科技创新型杰出人才培养工程，连续多年年终考核均为优秀，同年获得贵州省地矿局物探技能竞赛个人二等奖、贵州省地质行业第二届职工职业技能大赛（物探工工种）个人第六名；通过层层选拔，李家斌作为贵州省代表队的3位选手之一，参加了中国技能大赛“劳雷杯”首届全国地勘行业物探职业技能竞赛，与来自全国的82名物探技能人才同场比拼。李家斌以扎实的理论基础和丰富的野外工作经验，脱颖而出，个人总成绩位列贵州代表队第一名，全国排名第十一名，荣获“全国地质勘查行业物探优秀人才”荣誉称号，为贵州地矿行业增添光彩。

地质工作有些时候虽略显枯燥、乏味，但只要耐得住寂寞、静下心总能发现其中无尽的趣味。一直以来，李家斌以充足的工作干劲、扎实的工作作风，克服了一个又一个困难，拿下了一个又一个项目。他勤奋敬业的精神和扎实过硬的专业技术能力影响着身边的同志们，凝聚了一股不畏困难、勇当先锋的团队力量，为服务贵州大生态战略、拓宽服务地方经济渠道做出了积极的贡献。

（**文字** 毕冉根据相关资料整理）

——/何俊照/——

赤胆执着地质路　情倾事业谱华章

何俊照，男，河南武陟人，1978年出生，汉族，中共党员，教授级高级工程师，注册安全工程师，一级注册建造师，现任河南省地矿建设工程（集团）有限公司（简称“河南地矿建设集团”）党总支书记、总经理。1996年7月参加工作，2007—2010年就读于中国地质大学（武汉）地质工程系，获地质工程硕士学位，2015年至今攻读中国地质大学（武汉）地质工程专业博士学位。

何俊照自参加工作以来，始终秉持着地矿系统的“三光荣”“四特别”精神，艰苦奋斗，锐意进取，创造出令人称道的不凡业绩。他先后被评为“河南省劳动模范”“河南省委省直机关优秀共产党员”“河南省最美地质人”“河南省优秀勘察院长”，两次被评为“河南省地矿系统劳动模范”，连续5年被评为“河南省优秀项目经理”，连续多年被评为单位“劳动模范”“优秀党员”“先进工作者”。

科学经营管理　创造不凡业绩

▲ 何俊照(左四)春节期间在引畛济涧工地现场检查并慰问一线职工

自2018年2月担任河南地矿建设集团总经理以来,何俊照勤奋敬业、担当作为,对待同志谦虚和善,以科学民主的原则制定各项决策,积极调动干部职工的积极性,使单位各项工作均取得较大进展,有了质的飞跃。在他的带领下,3年来公司克服行业市场下行及疫情等多重困难,创造出实实在在的业绩,开创了公司发展新局面,受到干部、职工一致好评。

何俊照善于市场谋划及经营管理,近年来带领公司干部、职工承担了2022年北京冬奥会重点配套工程张家口赛区崇礼太子城冰雪小镇防洪工程。2021年4月项目中标后,他先后3次亲赴现场安排部署,科学安排,精准施工,克服多种困难圆满完成各项工作,为国家交上了一份满意的答卷。该工程在2022年北京冬奥会期间发挥重要作用,项目的实施被《河南日报》等多家媒体报道。他还带领职工历时5年完成豫西重要的民生工程——新安县引畛济涧工程第一标段项目。何俊照多次深入现场调研指导工作,解决实际问题,带领团队克服该隧道工程埋深大、长度长、地质条件复杂、分布多条未知采空区巷道、施工段地下水和水库水连通存在多个不明涌水点、区内存在瓦斯及其他有害气体等多种困难,圆满完成施工任务,解决了当地数十万人的生产生活用水问题。考虑到该项目难度大、施工条件艰苦,他多次到一线慰问职工,长年在春节期间前往项目野外一线与职工一起过年,使干部、职工深受鼓舞。该项目多次被《河南日报》《中国矿业报》《河南工人报》等媒体报道。

近年来,在何俊照的带领下,公司还先后承担各类地质灾害防治、地质勘查、水文地质工程地质勘察、矿山环境修复治理、市政公用工程、水利水电工程、地基与基础工程、生态环境调查及治理、地热工程等千余项工程。其中数十项重大工程,如重庆市秀山县锰渣堆场水文地质调查项目、新乡市凤泉湖引黄调蓄及配套工程、南太行山水林田湖草生态修复科技创新项目、永城市东西城区间采煤塌陷区矿山地质环境治理示范工程、南召县青山灰岩矿区废弃采场生态环境修复工程、鹤壁市垃圾焚烧发电项目、南召县白土岗矿产勘探工程。累计获得国家优质工程奖6项、全国优秀工程勘察设计奖8项、中国水利工程优质(大禹)奖1项、中国市政金杯奖2项、省级优质工程奖5项、省级优秀勘察设计奖10多项、厅局级奖励百余项。近年,他还先后主编或参编《河南省基坑工程设计文件编制标准》《河南省湿陷性黄土地区勘察与地基处理技术标准》等省级及地方标准多项。公司也先后荣获“河南省五一劳动奖状”“河南省优秀勘察设计企业”“河南省优秀施工企业”“河南省安全生产先进单位”等众多荣誉称号。

▲ 何俊照(右一)在重庆市秀山县锰渣堆场水文地质调查工地现场

奉献不言艰苦 追求永无止境

何俊照在担任或兼任河南地矿建设集团勘察设计院院长时的9年工作经历是他人生中的一个重要阶段。

在此期间,他带领部门不到30名职工主动出击,锐意进取,使各项指标取得数量级增长,取得了重大成绩。当时,河南地矿建设集团新成立了6个经营实体,他带领新成立的勘察设计院完成的上交纯利润几乎每年翻番。尤其是在2009—2012年期间,上缴利润完成率分别为375%、238%、360%、444%。从2012年开始,他带领的部门完成上缴利润比同期一起成立的其他5个经营实体的上交额总和还要多。每年年终评比,勘察设计院的各项指标均居公司所有经营实体前列。他带领的勘察设计院连续8年被评为“先进集体”,并获得“河南省地矿系统工人先锋号”荣誉称号以及“河南省地矿系统五一劳动奖状”。

搞技术勇于创新 做项目精益求精

作为一名科研技术人员,何俊照在担任勘察设计院院长、副总经理、总经理期间,亲自担任多个项目的负责人或技术负责人。

在担任鹤壁168m超高层金融大厦勘察项目负责人时,他通过多次野外实地勘探,认真分析岩芯及地质材料,提出了超高层建筑采用天然地基的方案并实施验证,为工程节约资金，而且该方案被后续多个同类工程借鉴采用。他用自己的实际行动为建设资源节约型、环境友好型社会贡献了力量。该项目成果被专家认定已达国内领先水平，先后获评河南省优秀勘察设计奖一等奖及全国优秀工程勘察设计奖。

▲ 何俊照（右一）在鹤壁金融大厦勘察现场向张旷成等专家汇报项目情况

在担任我国首条地下输煤通道——平姚输煤通道工程勘察项目负责人期间，在初期设计拟采用矿建法施工方案时，何俊照建议采用盾构法方案，杜绝了通道岩溶区域突水问题，使工程工期由两年半降为7个月，节约了经济成本，为全国同类工程树立了标杆。

在担任郑州轨道交通（地铁）1号线1标段工程勘察项目技术负责人期间，由于工程的施工时间均在22时至次日7时，当时正值三九隆冬，他白天要到项目部或设计院开会研究技术问题，晚上顶着严寒奔走在施工一线，连续数月每天休息不足5个小时。该项目作为河南省首个地铁工程勘察项目，被河南省地矿局评为“十大地质勘查成果”。

他响应国家号召南下重庆，参与三峡库区地质灾害治理工作，放弃数个与家人团聚的春节假期；北上内蒙古自治区草原腹地，忍受－30℃的严寒，参加铁矿水源地项目；结婚典礼前一天他还在修改G107信阳段改建工程地灾评估报告……何俊照这种精益求精、勇于创新的工作态度和吃苦耐劳、艰苦奋斗的精神，助他出色地完成了一个又一个重大项目。工作以来，他主持和参与完成多项重大项目，获得全国优秀勘察设计奖或省部级奖励7项，获厅局级一等奖13项，二等奖、三等奖多项，获“国家优质工程奖突出贡献者”称号。

积极回馈社会　踊跃奉献爱心

2021年7月20日，郑州遭受千年一遇特大暴雨。下旬，河南省其他多地也遭遇特大暴雨，洪涝灾害严重，山洪摧毁了乡间房屋，大水淹没了城市道路。大灾大难面前，何俊照组织党员突击队抗击洪水，派出专家组参与抢险救援，向灾区捐款捐物，以实际行动谱写出地矿人与全社会守望相助、共克时艰的新时代壮歌。他第一时间在公司院内设置了捐赠点，发动职工和热心群众捐款捐物驰援灾区，短短两天累计筹集纯净水1700箱、方便面500箱、衣服500件、被褥500床、充电宝100个、应急药品5箱、应急强光手电筒和探照灯各50盏，还有米面油和蔬菜等共计50余车物资。何俊照亲自带队第一时间把爱心物资安全送达卫辉市、新乡市凤泉区、淇县、浚县、巩义市、新密市、扶沟县等地区的灾民手中。他还带领团队成立志愿者服务队，在郑州市帮助搬运防汛救援物资。

▲ 何俊照（右五）在河南特大洪涝灾害期间组织公益爱心活动

大雨造成郑州多处地面沉降，多处建筑出现险情。何俊照作为工程地质、水文地质专业的教授级高级工程师，迅速带领公司地质专家奔赴险情一线，与省内专家一起对茜城花园、兰德中心、轨道交通8号线等危楼、受灾工程的险情进行详细评估，并对险情及处置方案出具了科学严谨的专家意见，为后期险情处理提供了科学依据。暴雨过后，何俊照又响应政府号召，迅速组织党员干部、职工成立党员突击队并带队赶到灾区一线对农村房屋进行安全隐患排查和鉴定。

2008年汶川发生地震时，何俊照正在河南省直党校学习，担任班长兼党支部书记。震后第二天何俊照便组织班内学员集体开展捐款献爱心活动，第一时间将爱心款捐至省红十字会，得到了河南省委、省直工委的肯定。何俊照担任班长的这一期省直党校班级被省直党校评为建校以来第一个优秀班集体，并记入河南省直党校校史。

新冠肺炎疫情暴发以来，何俊照带领公司全体干部、职工在做好自身疫情防控工作的同时，积极响应上级号召，迅速组织党员干部和志愿者下沉社区，协助开展疫情防控工作。针对社区防疫人员就餐不方便问题，公司提供了矿泉水、牛奶、饼干等物资，并安排职工食堂在疫情期间免费提供并配送午餐盒饭，确保防疫一线人员能够及时就餐。驻地社区专门向何俊照所在公司赠送一面印有“众志成城

抗疫情　倾情援助守初心”的锦旗，对公司在疫情防控期间助力社区开展防疫志愿服务表达深深感谢。

何俊照就是这样一个有爱的带头人，带着一个充满爱心的团队，在大灾大难面前挺身而出，用实际行动践行社会责任，充分展示了敢于担当、勇于奉献的新时代地矿铁军的崭新形象。

何俊照参加工作已整整25年，25年风雨路，25年地质情。25年来，他为自己所挚爱的地质事业，舍身忘我，无怨无悔，倾注了不尽的汗水和心血，创造出了骄人的业绩，不负于滋养他茁壮成长的中原大地，不负于自己美好的青春韶华。

（**文字**　毕冉根据相关资料整理）

——/江振波/——
业广惟勤　以求真务实精神砥砺前行

江振波，1985年8月生，浙江杭州人，学校2008届工程学院岩工系本科毕业生，后就读中国科学院武汉岩土力学研究所。2012年5月获得教育部国家留学基金委公派留学名额，同年9月入读日本九州大学建设系统工学专业，并于2015年9月获得工学博士学位。留学期间担任九州大学留学生会校区会长，并经选拔成为福冈领事馆教育领事常务助理。现任碧桂园集团浙中区域绍兴片区执行总裁。

牢记母校精神　求学异域他乡

异国他乡求学阶段，是磨练心智和倒逼成长的重要阶段。母校“艰苦朴素、求真务实”的校训，对江振波的科研工作和为人处世的方式方法都有着至关重要的影响。母校的教导扎根在内心深处，成为他读博期间和参加工作后解决困难的基石。

2012年，江振波获得了教育部国家留学基金委公派留学名额，同年9月入读日本九州大学。读博期间，他的主要研究课题是软土地基的动态沉降机理研究，需要结合理论本构模型、室内试验和现场试验进行对比研究。一方面，要进行数学模型的理论推导，同时也要连续进行室内试验，通常每隔几个小时就需要调整实验参数、进行数据分析，为此江振波经常将闹钟时间设在半夜时分，醒来后去实验室调整参数。另一方面，需要进行现场原位实验，这个过程需要有充足的耐心和抗压能力，从不断失败的实验中吸取教训而后一次次改进的过程，对他来说不仅是科研的必经之路，也是对性格和处事态度的一次次打磨。最终，凭借坚韧的毅力，求真务实的科研精神，经过研究室内部答辩、教授会审核、公开答辩等考核环节，江振波于2015年9月通过了博士毕业论文的答辩，获得了博士学位。

意气风发　初入职场

2015年10月，江振波博士毕业回国，进入了碧桂园控股有限公司（碧桂园集团），开始从事房地产行业管理工作。由于博士期间的工作主要以科研为主，而房地产行业更多的是以专业的管理工作为主，同时又需要工作人员具备很强的实操性和丰富的人生阅历，因而江振波并不是一开始就得心应手。

▲ 江振波参加碧桂园集团浙中区域公司成立大会

刚进公司没多久，他就被派往工地，参与现场的施工管理。现场工作需要有足够的耐心和吃苦的精神，江振波尽心尽力协调施工单位进度、解决现场遇到的各种问题，包括材料、工人、各个分包单位之间工作衔接等方面的问题。在工期紧张阶段，完成现场工作后，他会再次回办公室继续整理资料，安排第二天的工作计划，日程非常紧凑。经历高密度、高强度且紧张有序的一轮工期后，江振波完全褪去“学生气”，一身黝黑，已然成为一名合格的施工员。除了在工地现场锻炼，他还主动系统学习了房地产行业专业知识，并积极参加公司组织的集中现场培训，参与集团、项目的管理会议和工作。凭借着吃苦耐劳的精神，江振波在短时间内从一个刚毕业的新手成为了合格的、有干劲的职场新人。

2016年，江振波获得了“项目总班优秀学员”称号，同年就开始负责独立操盘项目。该项目位于杭州萧山，由3家房地产开发公司合作开发，他作为项目负责人，负责项目的整体开发工作。由于项目位于居民区内，前期他们遇到了许多困难，尤其是在制定项目基坑开挖的支护方案时，不仅要充分考虑到周围房屋的安全，还要兼顾开发时间，这时他所学的岩土专业刚好发挥了作用。在他的牵头组织下，浙江省建筑设计研究院、监测公司以及公司部门的总工程师协同合作，共同研究探讨了相关的支护方案，在项目的专家评审会上，方案获得了一致通过，在确保足够的安全系数的基础上，优化了工期，为工作快速推进提供了前期保障。尽管在项目施工过程中遇到了许多意想不到的困难，也有过不少痛苦的挣扎，但是他始终秉持着干一行爱一行的热情，坚守着将工作做好是对家人、学校和社会的最好的回报这一理念，在实践中不断反思、学习和提升。该项目最终结算利润达20.5%，不仅展现了江振波职场佼佼者的能力，更为当地的税收收入贡献了一份力量。

逢山开路　砥砺前行

随着工作有序推进和自身能力的提升，江振波被公司选入区域总部从事领导助理工作，这段经历使他的业务能力有了阶梯式的提升——他不仅对公司的经营理念有了进一步的理解，也对工作中遇到的问题、困难有了更强的把握力。同时他更加珍惜机遇，心无旁骛，脚踏实地，将饱满的热情和专业能力倾注于工作中。2018年，江振波获得了集团年度飞天奖——“优秀职业经理人奖”，并被评为“集团认证星级讲师”。

2019年下半年，根据公司安排，江振波被调任绍兴片区执行总裁，负责整个绍兴行政区域内所有项目的经营管理工作。这又是一个不同维度的管理工作，对管理水平和统筹能力要求更高。江振波坦言，这份工作具有更高的挑战难度。在调任的前半年时间里，他通过已有项目资源和供方信息，迅速打开了当地市场网络，为后续的持续发展打稳基础。当时他新拿下的4个项目均为合作项目，合作方都是全国较为知名的房地产企业。每个项目中的合作企业少的有2家，多的达5家，因此他需要在各个公司的管控要求下，寻求相互之间的平衡，尽可能地符合各个股东的经营指标要求。因4个项目基本都在同一时间落地，推进进度几乎相同，江振波在前期开发过程中基本连轴转，没有休息时间。项目复杂，各种问题也层出不穷，面对各个股东之间、项目与政府报建之间的问题，每一个决策都将影响整个项目的经营结果。因此，工作中他不仅需要投入充沛的精力，更需要强大的意志力作为支撑，悉心快捷处理好每一个细节。

在他和团队的不懈努力下，2020年，他所负责地区年销售额超120亿元，当地当期缴纳税款超过7亿元，为当地经济建设贡献了自己的力量。与此同时，他的工作也得到了公司和社会的认可，江振波在2019年和2020年连续两年被绍兴市房地产协会评为“贡献人物”和“领军人物”。

功崇惟志，业广惟勤，江振波爱岗敬业，在人生的各个阶段都以求真务实的精神面貌砥砺前行。“今后将继续努力做好本职工作，践行母校的教诲，为社会建设做出贡献。”江振波说。

▲ 江振波参与2021年梦想益行者·心愿100梦想空间公益徒步金华义乌站活动

（**文字** 毕冉根据相关资料整理）

—— / 宋继伟 / ——
头顶日月钻透山河　赤子情怀立足本职

宋继伟，男，汉族，河北省河间市人，1982年4月出生，2005届地大勘查技术与工程专业本科毕业生，2008届地大地质工程专业硕士毕业生，2018届地大地质工程专业博士毕业生。2008年入选“西部人才计划”。

宋继伟现任贵州省地质矿产勘查开发局（简称“贵州省地矿局”）112地质大队队长，正高级工程师，入选贵州省“千”层次人才、贵州省地矿局领军人才、贵州省地矿局局管专家，担任贵州省地矿局专家委员会工程技术组组长、中国地质学会探矿工程专业委员会委员、探矿工程行业高级别期刊《钻探工程》编委会委员。

宋继伟先后被授予“贵州省直机关‘立足本职、爱岗敬业’文明标兵”“贵州省直机关2018—2020年青年理论学习标兵”等称号，多次被贵州省地矿局评为“先进工作者”“优秀共产党员”。获贵州省地矿局地质找矿与地质科技成果奖8项，获授权发明专利1项、实用新型专利4项；以第一作者发表SCI论文2篇、中文核心期刊论文6篇、科技核心期刊论文10篇，其他合著的EI论文、中文核心期刊论文、科技核心期刊论文数十篇。

他长期扎根野外生产一线，主要从事各类型钻探工艺和设备机具研究，精通小口径岩芯钻探和大口径油气、水文钻探技术，在钻探新技术的转移转化、研究提高方面成绩显著，贡献突出。

战天斗地 钻遍贵州山山水水

2008年，宋继伟硕士毕业来到贵州省地矿局115地质大队工作。由于所学专业主要是以钻探为主，而钻探是一门实践性非常强的学科，因此被单位安排到钻机上跟班学习，从一个班组的小工做起，从此便开始了钻探生涯。

在钻探这一非常艰苦的领域，工作意味着常年与荒山野岭、深山老林为伴，一年难得与家人团聚几次，并且劳动强度高，还时常会有危险发生。宋继伟刚参加工作时，贵州省交通设施相对比较落后，他所在的项目工作区瓮安县老虎洞磷矿区与单位直线距离达150km，从单位出发到工地需要花费一整天时间，中间转4次客车，下车后再背着地质包走2个小时山路才能到达目的地。钻探作业过程中，每天都要承担沉重的钻探材料的搬、抬、拧、卸等工作，肩膀和手掌被磨破了无数次，最终长满厚厚的老茧。下班后，他吃着简单的饭菜，面对着无穷无尽的大山难免会感到枯燥。2009年4月2日，夜班，整夜下暴雨，凌晨时，宋继伟与同班工友下到山沟里抽水时，由于工作鞋底沾满了泥巴，发动柴油机时滑倒，导致右手拇指不幸被飞轮皮带搅成了粉碎性骨折。

然而凡此种种并没有摧毁宋继伟的意志，他克服了无数的困难挺过来了，从小工到班长、再到机长和项目经理，逐步成为了一名优秀的钻探人。2009年7月，单位采购了当时国内最先进的全液压动力头钻机，宋继伟任机长，带领职工认真学习、深入挖掘，仅用半年时间就完成4个钻孔，总进尺3600余米，创造了当时单位的最高纪录。

2010年开始，宋继伟开始任项目经理，先后管理实施了“中国科学院中国南海珊瑚岛礁科学钻探”“贵州省页岩气资源调查评价钻探施工”“贵州省望谟县昂武乡玉石矿勘查”“贵州省瓮安县白岩背斜磷矿整装勘查”“贵州省织金县西部煤炭整装勘查”“贵州省清镇－织金铝土矿整装勘查”“贵州省重点矿产资源大精查”“贵州省贞丰县水银洞金矿勘探”“贵州省织金县平桥煤层气示范工程”等国家级、省级重大工程项目。他带领队伍披星戴月、风雨兼程、战天斗地,钻遍了贵州的山山水水,为助力贵州省优势矿产资源勘查开发,建设“百姓富、生态美”的多彩贵州贡献了地大人的力量。

结合项目,宋继伟开展了诸多生产实际难题攻关,取得了很多有实用价值的研究成果,本人也成为了贵州省钻探行业顶尖专家。

▲ 宋继伟在贵州省兴义市地热井施工现场

▲ 宋继伟在贵州省松桃县锰矿坑道施工现场

天涯海角 建功祖国南沙群岛

2013年初,一个偶然的机会,宋继伟所在单位接到要去祖国的南海岛礁实施一批科学研究钻孔的项目。根据业主方中国科学院的研究需要,他又多次奔赴海南省三沙市,直至2017年末工作结束。

这个项目难度非常大。交通运输极其困难,岛上自然环境条件非常恶劣,台风、暴雨、酷热、空气高盐、蚊虫肆虐,无不对施工人员身心带来极大考验;岛上没有天然淡水,所用淡水需要从大陆运输补给,而这些补给的淡水很难满足基本生活需求,其他洗漱、洗衣等生活问题只能靠储存的雨水解决;供应的蔬菜长期只有豆角、木耳、花生米、香菇之类的干货;岛上不允许携带智能电子设备,无法使用电视等媒介,施工人员基本处于与世隔绝的状态。

▲ 宋继伟在西沙群岛“琛科1井”钻探施工现场

2013年7月，台风"蝴蝶"经过，树倒船翻，有渔民在港池不幸遇难。受台风影响，宋继伟和工人们趴在1974年修的废弃军营宿舍里，七天七夜靠吃方便面、喝雨水维持体能。该项目运行期间，2017年8月，宋继伟的父亲病危，由于无法联系到船只返回，他最终没能赶回参加父亲葬礼，终生遗憾。

就是在这种极端恶劣的条件下，宋继伟带领项目组职工，战胜千难万险，实施各类钻探工作量1万余米，配合中国科学院完成所有科学研究工作，获得中国科学院高度赞扬。其中，2013年在西沙群岛完成的"琛科1井"是我国第一口成功钻穿珊瑚礁并实现全井取芯的钻井；2016年在南沙群岛完成的淡水涵养研究抽水试验井是国内在该领域的首例钻井。项目验收时，中国科学院项目负责人动情地说："我们代表祖国和人民感谢你们。"

谋篇布局　带领职工共创幸福

2019年4月，宋继伟开始任贵州省地矿局112地质大队队长，从这一刻起，他更加深刻认识到了肩上沉重的责任。112地质大队有在职职工200余人，退休职工550余人。如何能让群众过得更好一些，成了摆在宋继伟面前的一项新课题。

112地质大队是传统的钻探专业队，产业主要以钻探施工业为主，贵州省地质勘查的"黄金10年"促成了112地质大队的成长。自2010年开始，受大环境的影响，地质勘查市场严重萎缩，直接导致每年钻探工作量不足以往的1/5，单位面临着史无前例的生存危机。宋继伟主持工作以后，为走出困境，在认真分析市场形势和研判政策的基础上，鼓励职工积极拓展新产业，结合大地质、大生态需求，逐步发展起岩土工程勘察、地灾防治、生态修复、国土规划等新产业，迅速扭转了危局。目前单位已经形成"一个核心、两个重点、两个转型"的优质产业结构，基本实现了对山水林田湖草领域的全覆盖，正朝着良性循环的态势大步迈进。近3年，职工收入每年增长10%，获得感、幸福感不断增强，共同干事创业的凝聚力开始高涨。

▲ 宋继伟在建党百年前夕慰问志愿军老战士

路漫漫其修远兮，吾辈当上下而求

索。宋继伟说，尽管地质队工作平凡普通，不能为祖国国防事业制造研发飞机、航母，但只要踏踏实实做好本职工作，为祖国建设找出更多重要的战略性矿产资源，并且守得一方平安，就是为中华民族伟大复兴做了贡献。

（**文字** 根据作者提供资料整理）

——/宋 红/——
"登峰小子"变身"圆梦师"

宋红，学校2011届社会体育专业本科毕业生，学校2016届体育教育与训练学专业硕士毕业生。他是2020年珠峰高程测量登山队队员、国家初级高山向导、中国高山救援人员，曾经参加中国地质大学（武汉）组织的七大洲最高峰攀登活动和南、北两极极点徒步活动。

硕士毕业后，宋红选择了自主创业。他开办了武汉地大睿行体育文化公司，主要涉及体育赛事服务、体育用品销售、体育场地的规划及建设等业务。同时，他发挥自己登山攀岩的特长，为业余登山爱好者提供高山向导等服务。"我现在总觉得自己像一个专门帮助别人圆梦的'圆梦师'。不在乎自己能登上多高的山峰，帮助别人去达成一个目标，更能给我带来成就感。"

初识珠峰 力助队友登顶

2007年，18岁的宋红从湖南长沙考入中国地质大学（武汉）体育学院。2012年，地大登山队决定攀登珠峰，以此向母校60周年校庆献礼。珠峰是令每个登山者魂牵梦萦的地方。宋红也曾不止一次想过，这辈子一定要找机会去征服这座山峰。第一次进入珠峰大本营，他兴奋得几乎夜不能寐，简直不敢相信这是真的。

▲ 宋红在珠峰北坳海拔6800m左右的大冰壁攀登

2012年5月19日，地大登山队4人成功登上珠峰。这4人中唯一的女性陈晨是宋红的同班同学，而宋红本人最终没能获得冲顶资格。在这次活动中，他做得最多的工作是与队友一起负责向上层营地运输各种补给物资，为冲顶队友做好后勤保障工作。回想起这段生活经历，宋红并未感到太多失落。“世界最高峰，不是谁想上就能上的。当时我还只算一个入门者，实力呀、经验呀确实有欠缺，不上很正常。作为团队的一员，做好自己的工作就是最大的贡献。”

登顶五大洲之巅　麦金利峰遇险

从珠峰下来后不久，一条消息令他再次激动起来：地大登山队决定乘登顶珠峰的东风，启动“7＋2”登山暨科考计划，挑战人类极限的新纪录。

所谓“7+2”，就是计划用3～4年的时间，成功登顶七大洲最高峰，即亚洲珠穆朗玛峰（8848.86m）、欧洲厄尔布鲁士峰（5642m）、非洲乞力马扎罗山主峰乌呼鲁峰（5895m）、大洋洲科休斯科峰（2228m）、南美洲阿空加瓜峰（6964m）、北美麦金利峰（6194m）、南极洲文森峰（5140m），并成功开展南、北极徒步活动。

7座山峰中，宋红征服了其中的5座，而北美麦金利峰给他留下了终生难忘的回忆。“差一点就冻死在那里！”他说。

麦金利峰地处美国阿拉斯加州中南部，为北美洲的第一高峰。该峰位于北极圈内，气候极度寒冷，且广泛分布有冰裂缝和雪崩区，对攀登者的登山技术和耐力要求都较高。

“我们没请向导和辅助人员，每人都背着一个大包，身后还拖着一个雪橇。总重量起码在40kg以上。”宋红说，“包里装着各种装备，甚至还有马桶。因为环保的原因，山上不能留下任何垃圾。”

山上连下3天暴雪。登山队被困在三号营地无法前行。每天能干的就是清理深达1m的积雪，以免自己和营地被雪掩埋。随着时间流逝，精确到克的食品和补给品一点点被消耗。面对可能的失败，登山队得到了一条消息：次日仍有暴风雪，但中间会有几个小时的窗口时间适合冲顶。登山队领导当机立断：集中补给品，组成5人突击组，抓住短暂的好天气冲顶。

“按经验，从营地出发登顶一般需要6～10个小时，而我们只有4个小时。当得知我们要挑战这一几乎不可能完成的任务时，营地的其他国家登山队员说我们疯了。”时间紧急，为了抢时间，冲顶小组加快了速度，队员的体能急剧下降。中途，有两位队友因体力不支主动选择下撤。宋红则与另两名队友继续向上攀登。他们一路不休息，喝水都不停步，最终用了4小时10分钟成功登顶。登顶后，他们刚刚向大本营报了平安，对讲机就冻得没电了。

珠峰测高　再次错失登顶

由于地壳运动和大陆板块的挤压，因而珠峰的高度一直在变化。中华人民共和国成立后，我国曾先后6次测量珠峰高度，每次结果都有所不同，最近的一次是在2005年。2020年，时隔15年，我国决定再次对珠峰高度进行测量。由于宋红拥有出色的登山技术，加上之前跟随老师陈刚工作时积累了不少野外勘察测量经验，他与陈刚一起应召进入了国家测量一大队，正式加入本次珠峰测高活动。

2020年3月20日，宋红随队到达西藏羊八井基地进行隔离训练。从北京直接来到海拔4000m的高原地区，低烧、身体酸痛等高原反应非常明显，但所有人都不敢松懈，放下行李就投入了新一轮训练。4月10日左右，测量队进驻珠峰大本营，开始适应训练和做测量前技术准备工作。

▲ 宋红参加高山向导考核项目——冰川攀登

5月6日，测量队尝试第一次冲顶，但遭遇大雪，队伍爬到6900m时不得已后撤。之后，同样因天气原因，又失败了一次。第二次撤回后，指挥部决定第三次冲顶任务全部由登山队员完成。这也意味着宋红将再次与登顶珠峰擦肩而过。他来不及沮丧，赶紧按指令，将自己负责的测量仪器转交给登山队员，并手把手帮助对方熟悉仪器。5月27日，中国测量登山队的8名队员成功登顶珠穆朗玛峰。

宋红说："能参加国家这么大一个项目，我感到非常荣幸。我是整个团队的一分子，我首先考虑的是服从命令。国家利益永远是第一位的。"虽然这次仍未圆梦登顶，但他已圆满完成了自己的任务和使命，为本次珠峰测高做出了应有的贡献。2020年6月2日，他平安返回武汉。

（**文字**《长江日报》**记者** 张琳）

——/闫子贝/——
地大学子闪耀国际泳坛

闫子贝，1995年10月出生于湖北襄阳，学校体育学院2018届社会体育指导与管理专业本科毕业生、2018级在读硕士研究生，中国游泳运动员，男子100m蛙泳比赛亚洲纪录保持者，第十三届全国人大代表，“湖北青年五四奖章”获得者。

2014年闫子贝入选中国国家集训队，2017年，获天津全国运动会男子100m蛙泳比赛冠军；2018年，获雅加达亚运会4×100m混合泳接力赛冠军、世界杯新加坡站男子100m蛙泳比赛冠军；2019年，获光州世界游泳锦标赛男子100m蛙泳季军，该项目为中国选手21年来首次获得奖牌；2020年10月，获得2020年全国游泳冠军赛暨东京奥运会达标赛男子100m蛙泳和200m蛙泳双冠军；2021年1月，获得中国游泳争霸赛男子100m蛙泳冠军；2021年7月26日，以58秒99的成绩获得2020年东京奥运会男子100m蛙泳决赛第六名，创造了中国男子蛙泳在奥运会赛场上的最佳成绩。同年7月31日，闫子贝和徐嘉余、张雨霏、杨浚瑄夺得东京奥运会4×100m混合泳接力赛银牌；9月20日，获得第十四届全国运动会男子100m蛙泳比赛金牌和男子4×200m混合泳接力赛银牌；9月23日，获得全国运动会男子200m蛙泳比赛银牌；9月25日，获得全国运动会男女混合4×100m混合泳接力赛金牌；9月26日，获得全国运动会男子4×100m混合泳接力赛金牌。

求学地大：泳坛健将的校园梦

▲ 闫子贝（左二）与队友参加4×100m男女混合泳接力赛颁奖仪式

2021年7月31日，中国地质大学（武汉）游泳队的教练宗波波一早便守在电视机旁，今天上午有学生闫子贝的决赛，他看着学生奋力冲刺，激动地为他鼓掌加油。

在本次东京奥运会，闫子贝和徐嘉余、张雨霏、杨浚瑄夺得东京奥运会

4×100m混合泳接力赛银牌。此前，7月26日，闫子贝在男子100m蛙泳中游出58秒99的成绩，获得第六名，取得中国男子100m蛙泳在奥运会上新的突破。

游泳项目一直是中国地质大学的重点和优势体育项目。2014年，闫子贝成为学校体育学院的一名本科生。“其实我挺憧憬校园生活的，和室友一起玩，一起学习、打球。”言语间，闫子贝倾诉着对普通大学生校园生活的渴望。虽然运动员和学生的双重身份注定他无法拥有想象中的大学生活，但闫子贝仍然在双重角色的转换中努力寻找着平衡。他长期驻扎在北京，训练任务繁重，但每晚都会上网课，通过自学补上课程内容。学校对体育生要求严格，闫子贝在高强度训练之余刻苦学习，顺利通过学校考核，并于2018年被保送研究生。

谈到大学期间深刻的记忆，闫子贝想起由宗老师带队代表学校参赛以及和朋友们同台竞技的时光。2015年，他代表学校参加第十五届全国大学生游泳锦标赛，获得男子乙组200m蛙泳冠军；2017年，他代表学校参加第十三届全国学生运动会，获得男子乙组200m自由泳冠军。虽然大多数时候不在学校，但学校和宗老师一直关注着闫子贝的成长。“刻苦认真、谦逊有礼、为人低调”，这是宗波波对他的评价。

▲ 闫子贝(右二)参加全国学生运动会

师恩似海：一声阿贝16年

小学一年级时，因突出的身高和臂长，闫子贝被襄阳市体育学校游泳教练张捷频一眼看中，从此开启了他的游泳生涯。小学二年级时，闫子贝曾在一篇题目为《乔丹》的作文中写道，爸爸是个篮球迷，妈妈又姓乔，希望自己有一天能成为泳池里的乔丹。

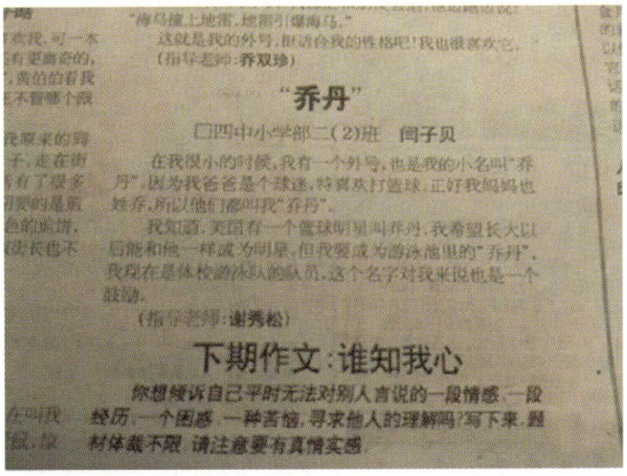
“乔丹”

□四中小学部二(2)班　闫子贝

在我很小的时候，我有一个外号，也是我的小名叫“乔丹”，因为我爸爸是个球迷，特喜欢打篮球，正好我妈妈也姓乔，所以他们都叫我“乔丹”。

我知道，美国有一个篮球明星叫乔丹，我希望长大以后能和他一样成为明星，但我要成为游泳池里的“乔丹”。我现在是体校游泳队的队员，这个名字对我来说也是一个鼓励。

（指导老师：谢秀松）

下期作文：谁知我心

你想倾诉自己平时无法对别人言说的一段情感、一段经历、一个困惑、一种苦恼，寻求他人的理解吗？写下来，题材体裁不限，请注意要有真情实感。

▲ 闫子贝小学二年级时写的作文《乔丹》

在襄阳市体育学校训练两年多后，闫子贝参加全省少儿游泳比赛时，被时任崇仁少儿体育学校游泳队教练郑珊发现。从襄阳辗转来到武汉，在崇仁体育学校，他上午上课，下午训练，虽然年纪小、训练苦、想家，但他还是撑了下来。闫子贝对自己小时候的表现并不太满意，他说：“小时候游泳成绩很差，总是落在后面，心里也比较抗拒，但教练一直很坚定地相信我。”他也曾想过放弃，但坚持着、坚持着，“坚持”竟变得不那么难，教练的信任也成为他抵挡一切怀疑和焦虑最坚硬的“盔甲”。

2016年，郑珊教练找到了日本早稻田大学游泳队的主教练奥野景介，希望闫子贝跟着奥野教练一起训练，这是闫子贝职业生涯的一个转折点。奥野教练是日本国家游泳队教练，也是渡边一平的教练。在日本学习的日子，师徒二人自费住在校外酒店，配合早稻田游泳队早上晨练、下午下课后训练的进程。2017年1月，闫子贝获得了日本北岛康介杯男子100m蛙泳比赛冠军，这是他职业生涯的第一个冠军。此前，他从未在国内大赛上站上过最高领奖台。同年4月冠军赛，他一口气拿下50m蛙泳比赛、100m蛙泳比赛两块金牌并在200m蛙泳赛中获第3名，同时3次刷新全国纪录，闫子贝成为国家队毋庸置疑的主力。当被问到2017年多次夺冠后，教练有没有感到惊喜时，他笃定回答：“她一直坚信我可以。”

▲ 闫子贝和郑珊教练

“我跟她在一起的时间比跟妈妈在一起的时间更长，我跟随教练学习了16年，她像妈妈一样关照我。”疫情期间的封闭状态让闫子贝感到焦躁迷茫，教练郑珊总是耐心开导他，当闫子贝遇到瓶颈期，她也总是鼓励他要敢想敢拼、寻求突破。数十载拼搏，郑教练和“大器晚成”的闫子贝终于迎来他们的黄金时代。

作为队长：做好“闫队”不问前程

闫子贝今年26岁，在游泳界已经不算是一个年轻人。他坦言，在经历了奥运会和全国运动会之后，对于自己的成绩，已经不再有非常高、具有突破性的宏伟目标。对他而言，这两年随着年龄的增长，身体恢复不如以前快，训练也会遇到一些困难。在全国运动会后长达一个月的假期，以及以往更多细碎的时刻里，闫子贝也曾想过离开，但此刻提及，他却言语坚定："对于以后，我现在什么都不想，只想专心把这一件事做好。我留下来首先就是把队里的'小朋友'们都带起来。"

闫子贝是队长，队内除了少数几个队员年龄稍长外，其他队员多为"00后"。无论从资历还是从能力上来看，闫子贝都是队里的顶梁柱。对他而言，一声"闫队"背后是小队员们的尊敬与期望，更是沉甸甸的责任与担当。"再拼一拼吧。我现在每天和他们一块训练，我觉得我需要再花点时间来帮助他们，让他们也成为非常优秀的顶梁柱。2022年还有亚运会的任务，我希望留下来能为亚运会做出一点贡献，为中国体育做出一点贡献。"在谈及对未来的规划时闫子贝如是说。

也许闫子贝不是泳坛最出色的运动员，不是获金牌数最多、最成功的选手，但毋庸置疑，他一定是中国游泳队独一无二的"闫队"。

回归本我：静水流深闫子贝

闫子贝总是替他人着想，很多时候，他奋斗的动力是为了报答教练，是为了帮助队员。如果说有属于闫子贝的时刻，那大概就是登上领奖台的那一刻。"我站上领奖台的时候，那一刻非常兴奋，特别开心，从未有过的那种开心。我必须更加努力，与大家分享那一刻的喜悦。"

▲ CCTV5 直播闫子贝领奖现场

在2021年全国运动会上，闫子贝斩获3块金牌，赢得了鲜花和掌声。他并非天赋型选手，甚至算是游泳界出成绩很晚的运动员——22岁获得第一枚冠军奖牌。游泳这条路他走得不易。闫子贝追求完美，在日常训练中对自己严格要求，达不到预期目标时，会着急，会烦躁，甚至会偷偷流泪。"既然选择游泳，我就一定要把它做好。"他认真地说。

除去一切浮华的身份和闪亮的标签，生活里，闫子贝也只是一个平凡的大男孩，爱宅家，喜欢安静。为人低调不张扬，心中自有万千丘壑。静水流深是对闫子贝最好的注解。

（**文字** 毕冉、景嘉妮经采访后整理）

——/牛　笛/——

岩壁上的地大舞者

牛笛,女,1996年9月出生于武汉,中共党员,学校2019届体育学院社会体育指导与管理专业毕业生、2019级体育教育训练学专业在读硕士研究生,国家攀岩队队员,国际级运动健将。2015年参加第一届世界大学生攀岩锦标赛,获得女子攀石第三名、全能第二名;2016年获得全国攀岩锦标赛女子攀石第一名;2017年获得第十三届全国运动会攀岩比赛女子速度赛第一名;2018年获得第十八届亚运会攀岩比赛女子速度接力赛第二名;2019年获得国际攀联世界锦标赛女子速度赛第二名,是我国近10年来在该项赛事中获得的最好成绩;2020年在中国攀岩联赛林芝站女子速度比赛中,攀出6秒81的成绩,打破世界纪录,并获得冠军,成为我国第一个在比赛中攀进7秒大关的女子速度攀岩运动员;2021年,以6秒74的成绩获得第十四届全国运动会攀岩比赛女子速度赛第一名。她曾获“国家体育总局体育运动一级奖章”“湖北省大学生自强之星”“湖北省五四青年奖章”“湖北省五一劳动奖章”等荣誉。2017年作为湖北省优秀运动员代表,她参加了全国体育“双先”表彰会,受到习近平总书记亲切接见。

少年持青衿之志　千篇一律求“异己”

攀岩,被称为“岩壁上的芭蕾”,拿下一个个陡峭岩点,艰难向上;按规定线路迂回盘旋,速度触顶,一气呵成……在国外,攀岩是一项很潮的运动,与高尔夫和马术齐名。但在国内,由于场地与指导人员不足,攀岩还是一项多数人“可望不可即的极限运动”。攀岩训练的是全面的身体素质,如柔韧性、协调性、爆发力以及心理素质。

2004年,8岁的牛笛刚上小学,从事体育教育工作的父母希望她有一个体育方面的爱好,一来可以锻炼身体,二来也可以丰富业余生活,于是把她送到阅马场体育学校学习羽毛球。但是没过多久发现,课余时间常去中国地质大学体育馆玩的牛笛对攀岩产生了浓厚的兴趣,常常一个人在岩壁上玩得不亦乐乎。15m的岩壁，她第一次就爬了10m以上！父母一合计，攀岩虽是小众的冷门项目，但女儿喜欢就好，也不耽误锻炼身体，干脆就学攀岩吧。在中国地质大学附属学校工作的母亲从自己的田径兴趣班里选了几个小机灵鬼成立了地大附小攀岩队，开始攀岩教学，牛笛从此开始了她的攀岩之路。

▲ 牛笛参加攀岩比赛

在最初练习攀岩时，牛笛的训练强度并不大，只是每周练习三四次。虽然这并不是牛笛的专业，而且国内攀岩运动发展水平有限，仍是小众运动，但牛笛觉得自己必须要接受专业训练，要成为攀岩运动塔尖上的人。在之后很长的一段时间里，牛笛的寒暑假基本是在全国各地的攀岩训练场度过，虽然辛苦，但也得到了国内众多攀岩高手的指点，进步明显。她害怕攀到顶端后的冲坠，害怕没有全程保护的快挂，教练就针对她的弱点，一次次让她降，一遍一遍让她摔，直到她克服内心的恐慌为止。

正是攀岩教会牛笛忍耐和不放弃，还给了她自信和活力。她说："攀岩的人身上有一股不服输的劲，和别人不一样，站在一堆人里一眼就能够认出来。我不想千篇一律，我想做不一样的自己，满身的伤痕就是我的勋章。"

潜心修行十余载　岩壁起舞惊国人

2015年9月，刚刚进入地大学习的牛笛，在2015国际攀石邀请赛暨全国攀岩分站赛（山西莱西站）中获得攀石冠军，这也是她获得的首个全国冠军。2016年，攀岩运动被列为奥运会正式比赛项目。至此，牛笛锋芒展露，她的名字闪耀在各大攀岩赛事上。

运动员登上领奖台的那一刻是光彩而令人仰慕的，但背后却凝结着运动员的血汗，他们不仅要承受常人难以忍受的艰苦训练，还要面对巨大的心理压力。在参加2017年的全国运动会攀岩入围赛之前，牛笛在训练中意外受伤，主攻攀石项目的她一时跌入谷底。这时，牛笛的父亲，同时也是中国地质大学体育部户外运动专业老师牛小洪提议放弃之前的攀石项目，改为速度攀岩项目。那时，距离全国运动会仅有短短两个月的时间。伤痛未愈，牛笛就投入到紧张而艰苦的训练中，为了缓解内心紧张情绪，父亲向她推荐了电影《建党伟业》，看到先辈们在极度艰苦的岁月中创立了伟大的事业，令她备受鼓舞。牛笛坚定了信心：我也要像他们一样！在英雄先烈革命精神的鼓舞下，她一步一个脚印，愈练愈有底气，愈练愈有自信，最终在全国运动会的赛场上击败对手，夺得了冠军。

▲ 牛笛(中)参加2021年全国运动会颁奖仪式

“宝剑锋从磨砺出，梅花香自苦寒来”。十几年来，牛笛参加过许多大大小小的赛事，现在，她仍然在赛场上挥洒汗水。每一点进步都让她欣喜，每一次突破都给她信心，她心怀国家，将个人的事业深深融入争取国家荣誉、增强民族自信的伟大事业中。在每次训练和比赛中，牛笛都不断告诉自己，要爬得更高、更快。为此，她一次次挑战自我极限，努力，再努力。

牛笛刻苦训练，以高标准严格要求自己。“一天不爬就不舒服”，正是因为牛笛和攀岩互相融进彼此的生命，才塑造出一次次惊险刺激和完美无瑕的岩壁舞蹈。

铮铮铁肩担使命　奋楫不忘强国梦

2017年8月27日是一个牛笛终身铭记的日子，习近平总书记在天津会见全国体育“双先”代表并发表重要讲话。牛笛作为优秀运动员代表，有幸现场聆听了总书记的殷切教导：“体育代表着青春、健康、活力，关乎人民幸福，关乎民族未来，体育强则中国强，国运兴则体育兴。”作为一名研究生运动员，一名年轻的共产党员，牛笛时刻牢记习总书记殷切教诲，把体育强国梦作为自己的终生追求。

十几年来，作为中国特色体教融合发展下的生动案例，牛笛从一名普通学生成长为国际级运动健将。作为一名国家队的运动员，牛笛深知国际赛场才是她的大舞台，不仅要为祖国争得荣誉，展现中国人的风采，她还要向世界传递中国精神和弘扬中国文化。因此，在校期间的牛笛积极参加体育竞赛、志愿服务、创新创业等活动，努力实现德智体美劳的全面发展。她本科阶段学习成绩一直排名年级第一，并以高分取得大学英语六级证书。2018年作为负责人带领团队获得全国大学生体育产业创新创业大赛三等奖；因学业成绩优异、表现突出，被学校评为“优秀学生标兵”并获得国家奖学金；2019年被推荐免试攻读本校硕士研究生；2020年再次获得国家奖学金。牛笛用勤奋和努力破除了大家对体育生的刻板印象。

▲ 牛笛(右)打破纪录瞬间

在日常学习工作中，牛笛始终把“做事先做人，百事勤为先”作为自己的人生信条，认真出色地完成学院和党组织交给她的各项任务及工作。她曾连续5年参加学校招生办举办的“中学生地球科学夏令营”活动，宣传地大人的攀登精神；遇到国家队队友的母亲生病时，她主动关心，并发动自己的亲戚朋友为队友捐款，帮助队友一家渡过难关，让队友感受到集体的温暖；2020年，在疫情肆虐的武汉，远在千里之外的牛笛主动通过父母向社区捐款，表达对家乡父老的关爱之情。

面对陡峭的岩壁，面对千难万苦，牛笛从不退缩。她享受挑战带来的成就感。“雄关漫道真如铁，而今迈步从头越。”牛笛将不断前行，用一腔热爱，谱写一首青春之歌；用一场攀岩的苦旅，书写一种奋斗的人生。

（**文字** 罗朝冰根据相关资料整理）

——/ 黄雅琼 /——

没有一个荣誉理所应当　奥运更要竭尽全力

黄雅琼，学校2020届公共事业管理专业本科毕业生，2017年获得全英羽毛球公开赛混双冠军、羽毛球亚洲锦标赛混双冠军、全国运动会羽毛球赛混双亚军，2018年获得尤伯杯团体赛季军、世界羽毛球锦标赛混双冠军，2019年获得全英羽毛球公开赛混双冠军、苏迪曼杯混合团体赛冠军。在东京奥运会羽毛球混双决赛上，她和2021届公共事业管理专业校友郑思维组成的“雅思”组合夺得混双银牌。

“校友对决”　打出地大精神

2021年7月30日下午，东京奥运会羽毛球混双决赛在“黄鸭”组合和“雅思”组合间展开，由于其中王懿律、黄雅琼、郑思维均来自中国地质大学，“奥运会打成地大杯”刷屏朋友圈。而当奥运赛场升起两面五星红旗时，学校体育馆学术报告厅观赛的师生也正为校友们的精彩表现鼓掌欢呼。3人在地大共同的羽毛球教练邹师思表示：“羽毛球一直都是地大体育学院的传统优势项目。此次地大学子包揽冠亚军，自己也非常激动，在恭喜‘黄鸭’组合夺冠的同时，也祝福‘雅思’组合在以后的成长道路上越来越好。”而在现场观赛的学校体育学院院长董范表示，他们是中国地质大学的骄傲，在赛场上赛出了地大人敢于拼搏的精神。

▲ 黄雅琼（左）和搭档郑思维

忆校园时光　在深情厚谊中成长

黄雅琼在地大的同学李卓衡回忆说，最开始见到黄雅琼的时候，觉得她“就是穿着运动服、小小个、挺平易近人的同学，当时还没参加什么国际大赛，没有想到今天可以成为世界名列前茅的混双冠军”。他曾作为队友和黄雅琼一起代表地大出征全国大学生羽毛球锦标赛，对黄雅琼印象深刻。他说：“黄雅琼打球的时候防守攻略特别好，打混双肯定要遭受对方男选手的进攻，但她的防守令对方毫无办法。”在地大老师邀请国家队队员们来地大进行表演赛时，李卓衡和本校一名女生组成一队，黄雅琼和专业队的另一名女生组成一队，比过一次友谊赛，结果甘拜下风。她的羽毛球教练邹师思也说，她进入地大时成绩优异，自身素质好、品德修养好，曾代表地大参加世界大学生运动会等赛事，获得过冠军。可以说，黄雅琼在本科阶段就展露出过人的球技，从南望山闯进奥运会羽毛球混双决赛在某种程度成为必然。

训练之外，学习生活也是黄雅琼在大学时期的重要部分，作为高水平运动员班学生，平常训练时间较多，难免出现因赛事请假的情况，难免和普通文化生在学业上步调不一。但黄雅琼并没有因此落下功课，地大的老师们往往满怀耐心和热情对她给予帮助,老师一遍一遍为她讲解不懂的问题。“在地大的这几年,我常常觉得自己不只是一个学生,更是被老师们当作孩子,他们像帮助自己的孩子那样尽可能地帮助我们。”回忆起待在地大的时光,黄雅琼认为自己不仅仅在学习、训练方面有收获,更多的还有那份与老师、与母校深厚绵长的感情。

厚积薄发练就为国争光之技

学球不算早,直到8岁才拿起球拍接受训练,黄雅琼认为自己不是天赋型选手,在高手如云的羽毛球竞赛场,她依然热爱这项运动。

“小时候,当看到人家在打羽毛球时,她就站在那一动不动,也许那时候她对羽毛球的情结就已经存在了,”据父亲黄瑞中回忆,“小时候的黄雅琼不活泼,也不自信,开始也没想到,这个不喜欢言语的小姑娘,会对羽毛球情有独钟。”对一件事产生兴趣可能只需要几秒钟,但做好一件事却需要数十年如一日的坚持。“有一次,她说她不想打了。我就跟她说,现在你可能是累了,如果你明天还跟说我不想练了,那我们就回去,我尊重你的意见。结果第二天,她又跟我说:‘老爸,我还是继续练球吧’。”

李卓衡也说:“其实我们都能看懂,但是自己没办法练到他们那个程度。”“国家队的选手都是从小天赋就很好的孩子,被教练选中,再一步一步经过比赛进入省队、国家青年队、国家二队,最后才能到国家一队。在国家一队后还要看参加比赛的成绩、积分排名等,就这样一步一步打上来,很难啊。”

功夫不负有心人,从2011年获羽毛球亚洲锦标赛混合团体冠军开始,黄雅琼迎来“大丰收”,陆续斩获多个赛事冠军。自从2017年和郑思维搭档以后,他们更是开启疯狂冠军收割模式,不仅两次夺得世锦赛冠军,还帮助国家羽毛球队重夺苏迪曼杯冠军,并成为羽坛历史上首位夺得过全部超级1000赛事、超级750赛事冠军的组合,世界排名也是长期稳居世界第一位。

拨云见日 突破自我

黄雅琼提起那些荣誉时说:“单看成绩我们是站得很高的,但其实中间有多少困难,只有自己最为清楚。”正如一句歌词唱道:“没有人能随随便便成功。”在通往奥运赛场的路上,黄雅琼也淌过不少泥泞之路。

对黄雅琼而言，遇到的最大困难莫过于2017年的苏迪曼杯，当时是她第一次打这种团体大赛，在决赛阶段，尽管前期比分是2:2，但她上场的最后一场混双比赛，输了。那时候的黄雅琼，内心充满了愧疚和不甘，自信心也深受打击。通过与教练和搭档的反复分析和鼓劲打气，她决定调整心态重新出发。“我还年轻，这次失利也有积极的一面，让我知道在场上遇到困难怎样可以做得更好，我还是要对自己有信心。”而在苏迪曼杯几个月后便是羽毛球世界锦标赛，黄雅琼再次“棋逢对手”，这一次她以2:0的比分赢下比赛，她惊喜地发现原来迈过心中的那道坎并不是那么难。

▲ 黄雅琼和搭档郑思维在赛场上拼搏

2020年的疫情打乱了“雅思”组合冲击奥运的节奏，也使得奥运赛场更添悬念。这一年，黄雅琼从众多的比赛中抽身，回归训练场，进行了难得的长时间而系统的训练。然而，一些小伤病也时常困扰着她。“确实挺影响训练的，”说到这里时，一向坚强的黄雅琼显得有些沮丧，“一动就会疼，但养伤又很浪费时间，确实很纠结、很困扰。”受伤病的影响，黄雅琼与郑思维在去年的训练中，很少有配合的时间。“但收获肯定也是有的”，黄雅琼表示，大量的体能训练使得自己在体能上有了更多的储备。在技术上，中前场的组织也更加精准、更具压迫性。在心态上，黄雅琼也有所突破，变得更加成熟稳重。

作为一名运动员，就是要不断完成一个周期训练又立刻奔赴下一个周期训练。而今处于一个新的奥运周期，黄雅琼很清楚自己最终的目标还是奥运会，她也希望自己能在这仅有的3年时间里为自己的心之所向再多做一些努力。

“所有人都会研究你，所以每一场比赛都是一场新的挑战，这也要求我们要有新的突破。”黄雅琼是这样说的，也是这样做的。回顾她为心中所爱而奋斗的历程，一路披荆斩棘，变的是脚步，不变的是突破自我的决心和毅力。

（**文字** 梅可根据光明网、《浙江日报》、《体坛周报》、九派新闻网的相关报道及黄雅琼校友口述资料整理）

——/郑思维/——
国羽少年燃热血　向阳而生秉谦逊

郑思维，1997年2月26日出生于浙江省温州市，学校2021届公共管理学院公共事业管理专业本科毕业生，2007年9月入选浙江省羽毛球队，2012年入选国家羽毛球青年队，2013年入选中国国家羽毛球队，2014年获得亚洲青年羽毛球锦标赛男双及团体冠军，2015年获得全国青年运动会羽毛球赛男双及团体冠军和世界青年羽毛球锦标赛团体、男双及混双冠军，2016年获得世界羽联总决赛混双冠军，2017年获得世界羽联总决赛混双冠军、全国运动会羽毛球赛混双冠军及男双季军、世界羽毛球锦标赛混双亚军，2018年获得亚运会羽毛球男团比赛冠军及混双比赛冠军、汤姆斯杯团体比赛冠军、世界羽毛球锦标赛混双冠军，2019年获得全英羽毛球公开赛混双冠军、苏迪曼杯混合团体比赛冠军、世界羽毛球锦标赛混双冠军、世界羽联总决赛混双冠军。2015年荣获国家体育总局授予的“国际级运动健将”称号，2017年被授予“浙江青年五四奖章”，2018年荣获“最美浙江人·青春领袖”称号和温州体育年度奖“参加亚运会突出贡献奖”，2019年荣获温州体育年度“最佳运动员”奖，2020年荣获中国羽毛球超级联赛“最佳男运动员”奖。

初登赛场：不卑不亢明目标

相较于其他羽毛球运动员，郑思维的身高使他在比赛中并不具备明显优势，或许他应该放弃，但不服输的他对自己的目标反而有了更加清晰的定位。据郑思维的启蒙教练陈荣回忆：“郑思维打球很有自己的想法，学球之初，就经常以小打大，击败比他年龄大的选手。竞争是惨烈的，郑思维只有表现得更好，教练挑剔的眼光才舍得在身高不具优势的郑思维身上停留片刻，教练才会认真考虑你的发展潜力。”面对现实，他并未沉湎悲叹，而是正视问题，明确自己的目标所在，并不断为之努力，用汗水争取自己所追求的一切。于是，在2013年全国青年羽毛球锦标赛，郑思维以灵活的球路得到了时任国家羽毛球队总教练李永波的赏识，从此踏入国家队大门。

但成功道路并非就此一帆风顺。在国家队，他不具备身高优势，且他的搭档陈清晨已在2016年的尤伯杯赛上一战成名，面对这些压力，郑思维并未迷失，也没有在前辈的光芒下自惭形秽，而是不卑不亢，坚定着自己特色的连贯杀。一次又一次的挥拍，才有了现今在赛场上的万丈光芒。

奋斗途中：热情开朗永向阳

2017年11月郑思维和同样来自中国地质大学的同窗黄雅琼成为搭档，“雅思组合”横空出世。自此，两人便成为了冠军组合。2017年，连夺3站冠军脱颖而出；2018年，全年9冠，展现霸气；2019年，面对冲击收获7金；2020年开年，马来西亚和印尼两站比赛背靠背夺冠，稳居世界第一。

能够长期保持世界高水平运动员状态，除了依靠两人高超的技术水平外，还离不开两位地大同窗的密切合作。在搭档黄雅琼眼中，郑思维是善于交流、充满正能量的阳光少年。相较内敛的黄雅琼，郑思维可谓是“滔滔不绝”。“不管是场上技战术还是一些情绪，都需要去沟通。我们之间基本都是我先主动开口，而且我会愿意去想一些东西，然后跟她交流。”他觉得搭档之间应该互帮互助、共同进步，不在意男女有别的说法，当想让黄雅琼尝试新技术动作时，郑思维积极鼓励：“你不要这么想，女生也可以做到，试试肯定没问题，你去试一下。”受到郑思维的影响，黄雅琼总会去尝试，黄雅琼说：“尽管会有些心不甘情不愿，但是也常常会产生出其不意的效果。”

▲ 郑思维在奥运会模拟赛上

郑思维也是一个正能量满满的人，常常积极调试和管理自己的情绪。当自己情绪不高时，他就采用补充睡眠或者改善饮食的方式予以调整。“说实话，我很少长期情绪低落，”郑思维说，“如果我今天稍微有点情绪不好，可能吃顿饭或者睡个觉就好了。”在问及他在羽毛球道路上遇到过什么大的挫折，是怎么坚持下来时，他回答：“练习羽毛球的过程中遇到的挫折大多数都是比赛失利、训练状态糟糕，但这些对于自己来说并不算多大的困难，因为自己从小就生长在竞技体育的环境下，适应能力比较强，而且自己比较享受这样的过程，没有挫折哪来胜利时的极度喜悦。”这些无不体现他良好的心态。

历经千帆：不骄不躁秉谦逊

郑思维特别欣赏印度尼西亚男双选手之一苏卡穆约，认为他是天赋最好的运动员之一。在郑思维看来，苏卡穆约是天才；然而在很多人看来，郑思维也是业内难得一遇的混双天才——他的爆发力强、速度快、头脑灵活。所谓的“天才”，不过是他不断刻苦训练、钻研付出的结果。郑思维觉得，不懈努力、持续进步才是运动场上的王道。无论遇到什么困难，他都不会因害怕而退缩。正如他所言：“我是一个有冲劲的人，不论遇到什么对手，我都不会怵，就像10年前，那时候我什么成绩都没有，但就算与冠军较量我也并不紧张。”郑思维在比赛场上肆意挥洒汗水，夺得了一个又一个的冠军，但他却从未放低对自己的要求，始终保持着强烈的危机意识。“现在所处的阶段，更应该勉励超越自己，接受新的挑战。”在展望新的赛季时，郑思维还是希望自己变得更强大，正如他所说：“要提升自己，让自己更全面一点、更稳定一点。”手握汤姆斯杯、苏迪曼杯、世界锦标赛、亚运会等一系列赛事冠军，站在世界第一和奥运积分第一的位置，郑思维2021年来被问得最多的问题就是对东京奥运会的展望。然而几乎每一次，郑思维给出的答案都是一样的——做好当下。正如他所说：“我坚信只要做好每一天，结果自然就好——因为努力的过程不容忽视。”

回望地大　期许未来

2021年7月30日下午，学校在南望山校区西区体育馆4楼多功能报告厅组织师生集中收看东京奥运会，为参加奥运会的地大健儿们加油呐喊！学校体育学院羽毛球教练邹师思也一直在教室观看比赛，因为在东京奥运会羽毛球混双项目中，中国的4位选手中有3位都来自地大，且都师承邹教练，他们分别是王懿律、黄雅琼和郑思维。邹教练在接受采访时说道：“王懿律、郑思维、黄雅琼3人进入地大时成绩优异，自身素质、品德修养都很高，都很阳光、富有朝气。”

在问及郑思维在地大生活学习的经历时，他说："印象最深刻的就是地大的老师们都非常负责任，因为我们是非全日制上课，大部分时间都是上网课，老师们通常都是在我们全天训练完之后给我们上课，依然非常耐心地把知识传授给我们，同学们也都非常热情地帮助我们办理很多需要在校办理的事宜。我记得邹教练第一次带我们参观地大羽毛球校队时，就让我们体验了学校上课的氛围，也用我们的事迹鼓励同学。"字里行间，可以感受到师生之间的温情、同学之间的友谊。

"希望通过每天脚踏实地的训练，学习更多的知识，在未来的职业道路上取得更多成绩。也希望大家不要抗拒挫折和压力，因为这是真正推动你前行的动力。"这是郑思维对未来的期许，也是对学弟学妹最殷切的寄语。

（**文字** 王荷雅根据《中国体育报》的相关报道等资料整理）

—— / 姚宾宾 / ——
祁连腹地添风采　龙首山下续征程

姚宾宾，男，汉族，1989年1月出生，甘肃岷县人，2010年10月加入中国共党员，2011届地大地球化学专业本科毕业生，高级工程师，现任甘肃省地质矿产勘查开发局（简称"甘肃省地矿局"）第四矿产勘查院三分队分队长。自工作以来多次获得院级表彰，在2019年甘肃省职工职业技能大赛中获第一名，被授予"甘肃省技术标兵"荣誉称号，2020年获"甘肃省五一劳动奖章"；2020年荣获甘肃省地矿局"先进个人"荣誉称号。

祁连山中的少年郎

刚参加工作时，姚宾宾这个看上去很单薄，又带点书生气质的小伙子，就被分配到了位于祁连山深处的矿调项目组，这一晃眼就是5年的时光。岁月在少年的脸上增添了些许沧桑，也刻下了坚毅和沉稳。

"甘肃省肃北县阿克塞县黑达坂—党河南山地区1∶5万矿产远景调查"项目地处祁连山腹地，海拔整体在4000m以上，方圆百公里为无人区，自然条件恶劣，工作任务繁重。在2016年6月的一次野外作业中，他和另一名队员结伴同行，工作区域条件艰苦、路途遥远，途中需要翻越海拔5000m的雪山。虽说任务重，山高路远，但是在工作过程中他没有丝毫懈怠，对遇到的地质现象拍照、描述、画素描图，丝毫没有简化流程。路线跑完已是晚上8时。夜幕下垂，黑暗笼罩了大地，在返回营地途中，他们迷路了。多次探路无果后，只能蜷缩在猎豹车里度过一个不眠之夜。在克服了种种突发事件和自然艰险后，该项目取得了突出的找矿成果，先后发现腾龙金矿、巴音金矿、野牛沟石膏矿等多处矿产地。

▲ 姚宾宾在祁连山脉克普腾蒙克雪山

龙首山下的地质人

▲ 姚宾宾在野外地质调查现场作记录

2016年担任项目负责人以来，姚宾宾勤勤恳恳、吃苦耐劳、一丝不苟、埋头苦干，用自己的青春和热血谱写了一曲无私奉献的赞歌，并以扎实的工作作风和精益求精的工作态度赢得了领导和同事的认可。姚宾宾先后主持完成了“甘肃省尖山—平口峡地区1∶5万矿产远景调查”“甘肃省金昌市绿草泉沟磷矿普查”等多个项目，孜孜不倦地投身于龙首山一带找矿新方向的实践中。通过“甘肃省金昌市绿草泉沟磷矿普查”项目，初步总结了与黑色岩系相关磷、钒、铀等矿种的成矿规律，发现小型磷矿1处；通过“甘肃省金昌市敖包井沟—下岔沟一带铀、钍等放射性矿产调查”和“甘肃龙首山一带‘三稀’矿产调查研究”项目，首次在龙首山成矿带发现了花岗岩型稀土矿，填补了该成矿带稀土找矿的空白，同时进一步优选靶区，为下一步找矿奠定了坚实的基础。

地质路上的践行者

知识是解决一切问题的钥匙，姚宾宾一直以来保持着利用空余时间学习的习惯，努力提升自己，做到了干一行、爱一行、精一行。矿调工作有涉及知识面广、地质现象复杂和矿种多样的特点,这给好学的他提供了良好的学习和成长平台。野外观测时,他眼明手快,遇到典型的地质现象就拍照、画素描图,并将自己不懂或有疑问的现象一一记录,回到驻地或向经验丰富的同事请教,或查阅各类资料深究细研;针对调查区内找矿难的问题,他组织分队成员集中学习区内成矿地质条件、总结成矿规律并提出主攻矿种方向;面对区内难识别的新矿种,他下载相关论文数十篇汇总成册,涵盖黑色岩系及其相关矿床的研究、花岗伟晶岩型铀矿的成矿规律及其特征、与碱性花岗岩相关的稀土矿化类型及特征等内容,在自己吃透理解的基础上组织分队集中学习讨论,带动分队从“生产型”队伍升级为“产学兼并型”新队伍。

▲ 姚宾宾在甘肃省职工职业技能大赛中获第一名

姚宾宾作为项目负责人,不仅要管理好分队的行政、技术方面的工作,还要做好对新技术员的培养、教育工作。他常利用业余时间为同志们讲解问题,手把手地讲解工作方法和制图的技巧,不厌其烦,孜孜不倦,从而使工作质量大大提高,保证了项目的顺利实施。他还在工作中尽力为青年人创造好的工作环境,并在一线工作中对他们给予帮助,将自己的知识、经验毫无保留地与同志们分享。在面对矿区矿体复杂的情况下,他崇尚科学,充分尊重他人的劳动成果,鼓励大家大胆实践,在相互学习中实现个人价值。

曾经的风华少年,现如今脸上洋溢着坚毅的笑容。现今,姚宾宾在“甘肃地矿铁军”和甘肃省地质矿产勘查开发局第四地质矿产勘查院“地质三宝”精神的感召下,扎根一线,继续谱写着青春赞歌,心无旁骛,用汗水演绎着无悔人生。

(**文字** 根据受访者相关资料整理)

第四章 神来之笔颂地大

牛年春早

一夜东风山桃开，正月初九春满怀。
彩蝶有心花间浪，憨蜂痴痴把蜜采。

（作者：张义江）

蝶恋花·邙山鸿沟

长风萧萧龙飞起，挥鞭千里，立马登高堤。放眼青山妩媚处，收尽邙山烟和雨。千古广武布罗棋，谁洞天机？楚汉分寰宇。借得黄河千钧力，破浪冲涛放舟去。

（作者：裴中朝）
2021年3月12日于郑州汉霸二王城之鸿沟

小重山

辛丑清明节间，阴雨濛濛，落红遍地，继而转晴，柳暗花晴。登高望远，感慨无限。草填《小重山》记之，愿人间春常在！

细雨湿阶百陌新，
鹅柳吐新枝，
啭幽禽。
梅樱半敛洗犹艳，
落红处，
铺就一地春。
雨霁起登临，

天边念故人，
情且真。
山高春深藏不住，
何处寻，
拳拳少年心？

（作者：付英）

五古·为地大深圳校友足球队壮行

暴雨倾盆下，江城唤楚风。
岁转属辛丑，南望号角鸣。
游子怀旧忆，将士欲出征。
银鞍登白马，弯弓别鹏城。
壶浆送塞道，担酒路边横。
一杯润喉舌，三杯为壮行。
面红复耳热，豪气如霓生。
挥手拂衣去，江湖不留名。
攻城看曹羽，猎鹰疾如风。
拔寨古鑫辉，势沉山欲崩。
运筹谋凌健，坦然轻无声。
更有啦啦队，擂鼓励群英。
潇洒沥地大，绿茵掠众锋。
千里望流云，隔空敬球星。
决胜夺冠夜，凯旋登回程。
岭南再造册，丹青书英名。

（作者：姜晓玮）

卜算子·长安行

校友各东西，往事随风雨。
将是秦腔我欲闻，又何况春已至。
师生欢乐多，相聚别愁离。
君归楚地我向吴，后会有期时。

（作者：杜平）

清平乐·贺陕西校友会

地大精神，
传遍古三秦。
校友同奔长安城，
共贺大会成功。
太白山上高峰，
泾渭挽手相迎。
重阅陕西地层，
还看地大精英！

（作者：王利田）

彩云之南

——祝贺云南校友会成功换届

彩云之南，你是我对遥远的全部想象。

遥远是旅途，它在从高原奔向异国大洋的河流里。
遥远是少年梦，它在武侠的国度中。

遥远是传说，它在阿诗玛的美丽故事里。

遥远有多远？
遥远很远，它是想象力的远行。
遥远很远，它是相对而坐的陌生。
遥远很远，它是心与心冰封后的距离。

遥远有多远？
遥远不远，它在飞翔的银翼上。
遥远不远，它在相聚的时光里。
遥远不远，它在敞开心扉时。
遥远不远，它在呼吸之间。
遥远不远，它在我们地大深情中。

彩云之南，从此不再遥远。

（**作者**：卢禄华）

高原上的爬地松

——致地质工作者

在贫瘠的山坡上，
有你攀爬的身影。
在峭壁的岩缝里，
你在顽强地扎根。
生机盎然、任意驰骋，
一丛丛、一片片，
成为苍茫大地上，

一道道靓丽的风景。

这里空气稀薄，
这里气候寒冷，
时而狂风大作、雨雪纷纷，
时而遮天蔽日、乌云滚滚。
灌木从这里了然退却，
绿草在这里难以生存。
而你匍匐着身姿，
与恶劣的环境抗争。
在被岩浆焚烧过的石海中，
呼吸着稀薄的氧气，
吮汲着微量的水分。
枝攀着枝、根连着根，
形成坚不可摧的特殊族群。
保护着根系能触摸到的
每一粒微尘，
生长出紫绿色的枝叶，
散发出奇异的芳芬，
给落寞的荒野带来一抹绚烂，
为宁静的高原增添几分神圣。

如果可以选择，
你也渴望，
遒劲挺拔、高耸入云。
如果可以选择，
你也希冀，

阳光雨露、四季如春。
如果可以选择，
你也企盼，
缠绵蕴藉、涓涓柔情。
而你，
选择了雪域高原，
选择了贫瘠与艰险，
匍匐千年，生生不息，
那是你对这方土地爱得深沉。
匍匐千年，默默坚守，
那是你对这片高原充满深情。
匍匐千年，不改初心，
那是你承载着保护家园的责任。
匍匐千年，笑对人生，
那是你胸怀家国的凌云壮志。

奋战在高原上的地质工作者，
就是这样一个群体，
有爬地松一样的品格精神。
在生命的禁区中长年坚守，
在极端的环境下默默奉献，
忍受着离妻别子的痛苦思念，
承受着高原缺氧的不适反应，
不惜折损金色的年华，
甚至献出宝贵的生命与火样的青春。
为了寻找地下宝藏，
为了保护生态环境，

为了挚爱的地质事业，
为了祖国的繁荣与昌盛，
在人迹罕至的高原上探寻，
探寻着生命的意义，
探寻着壮丽的人生。

（作者：李金发）

中国地质大学赋

——以校训“艰苦朴素、求真务实”为韵

地厚中华，矿生太古。或高藏以鸟道雄关，或深匿于龙潭险坞。或被冰雪所封，或为豺狼所堵。抡以锤，继之斧。渴饮山泉，困眠地铺。与荆棘结缘，与风沙为伍。罗盘在手，乃百战于山川；玉镜随身，历万劫之雷雨。然钢铁之躯虽可强求，金银之矿终难豪取。更新设备，诚当下之急需；短缺人才，乃中枢之最苦。

由是初心谋与国家，良策参于帷幄。珠献清北，匀风月以三分；璧合津唐，择城郊之一角。广纳贤才，新开大学。穆穆兮院校立规，铮铮兮师生抱朴。弘毅高张，主流渐握。

值名校昭融之际，忆先贤开拓之艰。胶之掌门首任，国之主席亲颁。凭铲凭锹，挖天宫之土；如蝼如蚁，填海淀之湾。奠鸿基于大厦，植青杏于荒山。冬灌夏浇，林荫覆于花径；春回秋报，花香溢满林间。桐柯盛矣横枝而立，凤鸟翔兮拂羽以还。

于是先生效以鹤奔，弟子趋之云驻。辨金识玉，知天地之精华；开铂采钨，得稀微之元素。曰琢曰磨，且陶且铸。维文明之生态，宗旨薪传；保家国之能源，旌旗航护。怀赤子之心，迈青云之步。中天之旅，揽月以探；南极之征，破冰而渡。放舟沧海，溯油气之源；登顶珠峰，勘毫厘之误。析溶洞之形成，测矿藏之分布。支撑以科技，防震减灾；服务于民生，扶贫致富。枝叶荣，根基固。为中华圆梦，人聚一心；与世界争锋，兵分两路。信息关联，资源交互。潮引东湖之水，李浪滔滔；雪融北地之春，桃风煦煦。

八千里山野奔波，致知格物；七十年杏坛造化，立德树人。为师者，师表高悬，光前而裕后；教鞭直指，戈壁之烟尘。为先行之事业，塑元贵之精神。从学也，学风蔚起兮解百非以求其是，物理穷追兮经万验而得其真。

始有拔地之峰，参天之树。有学子风仪，如周公吐哺。察亿众之民情，理一邦之国务。有学子风仪，涵黉门气度。飞船以访天庭，攀桂以邀玉兔。嫦娥之父，时人交口为之称；揽月之师，世士仰头得以慕。有学子风仪，若星辰无数。

宇宙无穷，钻研有术。每巡天以索远，经岁越年；更钻井而谋深，循规问律。仰望星空，耕耘地质。摄大海之浪花，撷太空之果实。俊彦钟于庠序，嘉誉长传；辉煌铭以师儒，奇才辈出。

嗟夫！盛名何止二三者，实力敢拼双一流。雾茫茫兮，无怨身心以赴，路漫漫兮，仍将上下以求。德才并重，文理兼修。物探宝石兮光扬日域，梦想银河兮耀引地球。

（**作者**：刘能英）

（摄影 苗青）

第五章 大爱无疆汇人才

公安县佳源水务有限公司董事长龚树毅校友再次向母校捐赠

公安县佳源水务有限公司董事长、金属物探专业1983届龚树毅校友再次向母校捐赠40万元，支持学校建设发展。

校友企业武汉四方光电股份有限公司上市

2022年2月9日，校友企业武汉四方光电股份有限公司（简称“四方光电”）在上海证券交易所科创板上市，首次公开发行股票。

▲ 武汉四方光电股份有限公司科创板上市仪式

四方光电是2021年开年后证监会同意IPO注册的首家湖北科创企业。

公司创始人、学校校友熊友辉在网上路演活动中介绍，四方光电是位于武汉的一家掌握光学、超声波、MEMS[①]金属氧化物半导体等综合技术平台的智能气体传感器企业。

公司于2003年在武汉“光谷”成立，形成了基于光学（红外、紫外、光散射、激光

---

①MEMS是将微电子技术与机械工程融合到一起的一种工业技术。全称是Miro - Electro - Mechanical System，即微机电系统。

拉曼)、超声波、MEMS金属氧化物半导体、电光学、陶瓷厚膜工艺高温固体电解质等原理的气体传感技术平台,产品广泛应用于环境监测、工业过程、健康医疗、安全监测、能源计量等领域。

疫情防控期间,作为呼吸机等医疗装备主要配套企业,四方光电在支持医疗器械企业生产方面发挥了重要作用。四方光电生产的氧气传感器已配套用于国内外1.35万台呼吸机及3.95万台制氧机等疫情防控医疗物资的研制。

常态化疫情防控后,公司继续开展物联网超声波肺功能检查仪研发工作,正积极参与我国"基层呼吸系统疾病早期筛查干预能力提升"疾控项目建设。

谈及此次登陆科创板,熊友辉表示,上市后的四方光电将不忘初心,依托在气体传感器及分析仪器方面的技术积累,开发出更多的优质产品。"公司将把握传感器产业发展的机遇,不断提升技术水平和市场竞争力,引领国内气体传感器技术和产品发展。"

熊友辉校友,1994年毕业于地大煤田矿产勘查专业。2003年5月,创立武汉四方光电股份有限公司,专业从事红外气体传感器研发生产工作。2012年10月,捐赠100万元在校设立"四方奖学金",每年奖励优秀本科生40名,每名学生5000元。 2020年6月, 捐赠1000万元用于学校校史馆建设。

"10年岁月匆匆,归来仍是少年":工程学院054072班返校捐赠

10年岁月忽已往,昔日少年如今仍风华正茂。"五一"劳动节期间,工程学院勘查技术与工程专业054072班21名校友在毕业10周年之际再聚南望山下,感谢师恩、共话当年,并向学院捐赠5万元,设立"054072班校友奖学金",以激励、帮助优秀的学弟学妹成长成才。

5月2日上午,校友们在工程楼416举行班会。大家欢聚一堂,畅谈过去与未来,并就关于"054072班校友奖学金"的捐赠细则做了讨论。

5月2日14:30,工程学院054072班毕业10周年返校座谈会暨校友奖学金捐赠仪式在工程楼315会议室举行。校友工作与教育基金管理处处长徐岩,工程学院党委书记李红丽,院长焦玉勇,副院长王亮清、窦斌,勘察与基础工程系(简称"勘基系")教师及21位校友出席了本次座谈会。校友唐博主持本次座谈会。

054072班班长陈晓峰同学介绍班级同学发展情况，并播放毕业10周年纪念视频，带着大家回顾了10年前那段青涩美好的时光。

▲ 校友唐博（中间）主持座谈会

▲ 班长陈晓峰同学（左三）介绍班级同学发展情况

工程学院党委书记李红丽致欢迎词。李红丽书记表达了学院对返校校友的热烈欢迎，并对校友奖学金的捐赠表示感谢。在这匆匆而过的10年间，校友们在各自的领域辛勤工作、施展才华。奖学金的设立饱含了校友们对母校的深情，对学弟学妹的殷切关心，将助力学院学子成长成才。

院长焦玉勇介绍了近年来学院的发展情况，细数学院在人才培养、科学研究、社会服务等方面取得的成绩与未来发展走向，并希望校友们常回家看看“母校妈院”，在“十四五”开局之年并肩携手共赴新征程，创造新成就。

▲ 李红丽致欢迎词

▲ 焦玉勇讲话

勘基系副主任张凌、郑明燕详细介绍了目前工程学院勘察与基础工程系的发展情况。

▲ 张凌讲话

▲ 郑明燕讲话

校友们就目前学院勘基系发展情况并结合工作中的实际需求，对学院专业发展、课程设置、实践教学等内容提出了宝贵的建议。

▲ 校友们踊跃发言

“054072 班校友奖学金”捐赠仪式举行。校友大使袁攀简要介绍了奖学金发起的初衷、目的和用途。他说，毕业 10 周年之际，为了表达对“母校妈院”的感谢，班级同学想为学院做些有意义的事情，经过商讨，决定以捐赠奖学金的形式激励立志投身工程勘察行业的学弟学妹，帮助他们顺利完成学业，以优异的成绩回馈社会。

▲“054072班校友奖学金”捐赠仪式

▲ 李红丽书记（左一）接受捐赠支票

袁攀同学、徐岩、李红丽代表054072班、基金会和工程学院签署捐赠协议。

徐岩作总结发言。他对校友们为助力母校发展所实施的奖学金捐赠活动表示感谢。他说，校友们的建言献策有感情、有深度、有见地，一定会助力学校、学院的发展，希望校友们常回来看看，母校永远欢迎大家。

▲ 徐岩处长（左一）为捐赠方颁发捐赠证书

（**地大新闻网讯 通讯员** 梁荣柱 **摄影** 李艳梅）

校友和多家单位向学校捐赠

经工程学院积极联系，勘查技术与工程专业054072班校友为纪念毕业10周年，向学院捐赠5万元，设立“054072班校友奖学金”。

经材料与化学学院积极联系，中国科学院理化技术研究所向学校捐赠15万元，用于设立“材化菁英班奖学金”，支持菁英班集体活动和提升学生综合素质。

经经济管理学院积极联系，绍兴市广德贸易有限公司向学校捐赠20万元，用于注入“李万亨奖学金”。北京矿通资源开发咨询有限责任公司向学校捐赠5万元，注入“李万亨奖学金”。李万亨教授于1950年毕业于国立北洋大学，先后在北洋大学、北京地质学院、武汉地质学院任教，于1983年筹建经济管理系，1985年任经济管理系主任。李万亨教授是中国矿山技术经济评价、矿业权评估的奠基者，是经济管理学院的创始人之一。他一生治学严谨，教书育人，桃李满天下。为发扬“艰苦朴素、求真务实”的校训精神和“宽信敏公、经国济民”的经济管理学院院训精神，学习以李万亨教授为代表的经济管理学前辈的无私奉献精神，激励广大青年学子追求卓越、勇攀高峰，经济管理学院校友工作部和广大经济管理学院校友倡议发起设立“李万亨奖学金”。

（地大新闻网讯 通讯员 丁苗苗）

卢禄华校友向离退休干部活动中心捐赠电梯揭牌仪式在校举行

2021年5月16日下午，厦门三烨清洁科技股份有限公司向离退休干部活动中心捐赠电梯揭牌仪式在校举行。厦门三烨清洁科技股份有限公司董事长、福建校友会会长、72921班卢禄华校友一行，中国地质大学（武汉）党委副书记王林清，原党委副书记丁振国，机械与电子信息学院退休教师孙立鹏，机械与电子信息学院党委书记瞿祥华，离退休干部处党委书记李门楼、处长陈文武，党委教师人才办主任周刚，后勤保障处副处长刘清华，校友工作与教育基金管理处处长徐岩、副处长吕占峰等参加揭牌仪式。

离退休干部处党委书记李门楼主持揭牌仪式。

离退休干部处处长陈文武说，当看到老同志们乘上崭新舒适的电梯时，强烈的感激之情油然而生。她感谢学校党委与各部门集思广益、克服重重困难，为让老同志对幸福生活有获得感而不懈努力；感谢校友的慷慨解囊、无私捐赠，尤其是在受疫情影响的经济压力之下，这样可贵的行善之举令老同志为之感动。校友们的捐助是真诚的，关爱是无价的。离退休干部处将感恩之心付诸行动，努力做到让领导放心，让老同志舒心，让校友们安心。

▲ 仪式现场

厦门三烨清洁科技股份有限公司董事长卢禄华讲话。他说，感谢地大对他的培养，在地大的4年大学生活影响了他的一生，母校的情谊让他终生难忘。他希望在未来的发展道路上，实现母校与企业同心协力，共同进步。

▲ 揭牌仪式

学校原党委副书记丁振国与厦门三烨清洁科技股份有限公司董事长卢禄华共同揭牌。

校党委副书记王林清、离退休干部处处长陈文武共同为卢禄华校友回赠由湖北省书法家协会会员、学校退休教师张建国书写的书法作品，书法内容为卢禄华校友本人诗词作品。

▲ 老年书法协会赠送题字

校党委副书记王林清讲话。他说，学校历届党委非常重视离退休工作和关心离退休人员，老同志是学校的宝贵财富，我们要为老同志精心做好服务工作，希望老同志在学校的生活开心、舒心。我们优秀的校友没有忘记母校，饮水不忘挖井人，多次通过各种方式回馈母校，今天的捐赠就是很好的典范。他代表学校向卢禄华校友表示崇高敬意，感谢卢禄华校友慷慨解囊，支持学校离退休干部活动中心的建设。

学校离退休干部活动中心建于20世纪90年代，一直都没有电梯设备。随着学校离退休教师的年龄不断增长，上下楼的困难给老同志到活动中心参加党建活动、老年大学学习和文化娱乐活动造成了不便。厦门三烨清洁科技股份有限公司董事长卢禄华校友慷慨解囊，为老年人活动中心南楼捐资30万元用于加装电梯，为老同志解决了难题。这一举动也让学校“学党史、办实事”主题实践活动落到实处。

（**地大新闻网讯　通讯员**　丁苗苗　**摄影**　于小清）

“优之蜜源”向中国地质大学捐赠拍卖资金

2021年10月10日，第三届都安瑶族自治县瑶山中蜂开蜜节在广西都安举行。拍卖会上，1978级水文系殷昌平校友创立的蜂蜜品牌“优之蜜源”专门为本次开蜜节打造的限量款产品“秘密花园”(1瓶)作为拍卖品亮相。开蜜节亮点迭出,《舌尖上的中国》剧组拍摄的纪录片《舌尖探蜜——中国好蜂蜜》首发。拍卖会上,“优之蜜源”品牌、中国故宫珠宝设计师合作开发的原创产品“秘密花园”拍卖环节,将开蜜节推向高潮。

“秘密花园”作品的创作背景:讲述一只勇敢的小蜜蜂爱上了荆花,日日飞舞,甜蜜接触,在大自然的见证下,终于结下美丽的情缘。此款作品设计者从大自然获取灵感,用黄金、蓝宝石、琥珀打造出动人的故事。拍卖现场竞拍人踊跃举拍,从8.8万元起拍,一路追高,最终以31.8万元成交。更令人感动的是,此次拍卖所得,“优之蜜源”品牌创始人殷昌平校友将悉数捐赠给母校中国地质大学(武汉)。

据悉,1978年,殷昌平校友从广西河池考入中国地质大学,就读水文系,1985年研究生毕业。毕业后他仍不忘母校师恩,多次给母校献爱心,曾设立“王大纯基金”,奖励水文地质工程地质领域的优秀学生。2020年新冠肺炎疫情期间,他向母校和援鄂医疗队捐赠价值100万元的126箱蜂蜜。

副校长刘杰说,感恩殷昌平校友的大爱精神,中国地质大学有责任、有义务把“优之蜜源”对生态的热爱之情传

▲ “优之蜜源”品牌的拍卖品“秘密花园”

▲ “秘密花园”买受人与殷昌平校友(右一)合影

▲ 竞标现场

▲ 参与蜜蜂爱心认养活动的社会爱心人士合影

▲ 副校长刘杰(左三)代表学校参加捐赠接收仪式

递下去,把对自然的守护之义传递下去。我们更有理由相信,热爱是最好的回馈,殷昌平先生投身家乡,用心打造中国最好蜂蜜的精神,也给我们树立了一个师长的典范。

湖北省教育基金会再次向学校捐赠20万元

2021年11月19日,湖北省教育基金会与27所高校和6所高中签订新一轮“助勤帮困”和“励志班”项目。校友与社会合作处处长陈华荣代表学校参加捐赠仪式。湖北省教育基金会理事长雷召海、“助勤帮困基金”捐赠方代表湖北中烟工业有限责任公司二级高级经理侯波等参加仪式。

在“我梦见·大学生助勤帮困”公益项目签约现场,陈华荣介绍了学校“助勤帮困基金”实施情况。他说,学校贫困学生比例偏高,但他们热爱学习,努力成才。学校高度关注贫困学生的学习和生活,每年从多渠道筹措2000多万元资金为学生发放奖(助)学金,奖(助)学金的覆盖面广,资助力度较大。

▲ 授牌仪式

陈华荣代表学校向捐赠方湖北中烟工业有限责任公司授牌,侯波接牌。

陈华荣、雷召海代表双方签署捐

赠协议书。

雷召海肯定了地大“助勤帮困基金”的落实情况。他表示，“助勤帮困基金”的实施充分彰显了教育的根本任务在于立德树人，希望捐赠方、受赠方和转赠方多方协同配合，制定和落实各项教育普惠政策，共同为湖北教育事业谋发展、做贡献。

▲ 双方代表签署捐赠协议书

据悉，自2017年湖北省教育基金会在学校设立“助勤帮困基金”以来，累计捐赠120万元，主要用于承担全校学生勤工助学等岗位的部分补助的发放任务。

（地大新闻网讯 通讯员 丁苗苗）

多家单位向学校捐赠

经环境学院联系，北京雅展展览服务有限公司再次向学校捐赠20万元注入“同心奖学金”。据悉，该公司自2011年在校设立“同心奖学金”以来，已累计捐赠212.2万元，用于资助品学兼优但家庭经济困难的学生。

经机械与电子信息学院联系，中船重工（武汉）凌久电子有限公司再次向学校捐赠10万元注入“凌久电子奖学金”。据悉，该奖学金于2019年设立，主要用于奖励机械与电子信息学院的优秀本科生和研究生。

经纳米矿物材料及应用教育部工程研究中心联系，丹东百特仪器有限公司捐赠50万元在校设立“百特奖学金”。首期奖学金发放时间为2022—2026年，共5年。每年捐赠10万元用于奖励10～20名矿物材料中心或与本中心合作取得突出成绩的青年学子（本科生/研究生/青年教师）。

经计算机学院联系，北京小米移动软件有限公司向学校捐赠15万元，用于支持小米学生工作室建设。据悉，首期项目期限为3年，2021—2023年，每年捐赠15万元，总金额45万元。

经经济管理学院联系,广州中博教育股份有限公司向学校捐赠1.5万元,用于支持学生活动。湖北融创物业服务有限公司向学校捐赠2万元,用于设立“融创服务奖学金”。

经工程学院联系,包头城建集团股份有限公司再次向学校捐赠10万元,用于资助工程学院非开挖领域相关研究工作。据悉,该公司已于2016年捐赠10万元在校设立“包头城建创新奖学奖教金”,目前已累计捐赠50万元。

《地大人》2022年

征稿启事

亲爱的校友：

《地大人》诚邀海内外校友踊跃投稿，地大人的故事，地大人来书写！

本次征集，作品形式不限，包括且不限于文章、书信、照片、书画等；稿件载体不限，包括且不限于散文、诗词、通讯稿、专题采访、人物传记等。由于篇幅限制，文字来稿一般不超过5000字。欢迎各位校友积极推荐各地报纸、杂志上刊登的校友相关作品。

纸质稿件请邮寄至湖北省武汉市洪山区鲁磨路388号中国地质大学（武汉）校友与社会合作处收，联系电话：027-67886455。

电子稿件请注明“《地大人》投稿”，发送至邮箱：cugxyb@cug.edu.cn。

请留作者姓名及联系方式，稿件一经录用，将赠送《地大人》一本。

《地大人》编委会

2022年1月

中国地质大学校友值年返校工作指南

一、什么是值年返校

“值年”校友，是指入学或毕业10、20、30、40、50周年等10的整数倍年份的校友。如今，校友返校热情高涨，很多校友在入学或毕业的其他整数年份也会组织返校活动，我们统称为值年返校。

组织值年返校活动是很多兄弟高校都在开展的例行校友活动，旨在呼应校友们毕业逢整10周年开展班级纪念活动的愿望，同时由学校和学院共同发起组织全校、整届同学在集中时间、集中地点开展值年校友毕业纪念活动，实现“广泛沟通交流、引发集体共鸣、营造浓厚纪念氛围”的整届大活动与“畅叙班级同学情、感谢师长教诲恩”的班级小活动的完美结合，增进班级同学的情感交流，增强同届跨行业同学的交流互动。

二、值年返校活动开展形式

活动一般在10月1日—3日期间开展。活动的组织形式为“学校整体欢迎活动+学院特色活动+班级自由活动”。常规日程安排如下：10月1日参加值年返校活动校友抵校报到；10月2日上午学校安排欢迎大会暨联欢会，中午全体校友在学生食堂体验“团圆爱校餐”，参观博物馆，下午参与学院座谈会，为母校和学院发展建言献策；10月3日学院或班级开展自由活动。

三、值年返校活动的组织

采取“学校筹备委员会+学院+班级联络人”模式。学校筹备委员会由校领导、校友处、相关职能部门和学院组成，负责学校整体活动的筹备安排；各学院负责返校校友的工作组织及学院特色活动的组织安排；班级联络人负责返校班级校友的联络、与学院的对接及具体安排，包括返校班级筹委会发电子版返校邀请函、倡议书、返校方案，根据联系同学情况分年级或班级预订学校周边酒店房间（学院配合），收集提交各班级校友通讯录等工作。

四、值年返校活动服务支持

(1)通过学校校友会网站、校友会微信公众号及时宣传和发布活动通知及动态。

(2)学校相关部门、学院为值年返校校友(年级、班级)提供联系对接、协调场地、嘉宾邀请、校内停车、校内参观、“团圆爱校餐”等便利服务。

(3)校友与社会合作处为登记申报的值年返校校友提供“爱校纪念礼包”和博物馆参观券等。

五、非学校整体值年返校时间活动服务支持

学校欢迎校友们在便利的时间回母校开展值年返校活动。对于非学校固定时间返校的班级,学校、学院及校友会积极为校友提供场地协调、嘉宾邀请、校内参观、“爱校纪念礼包”和博物馆参观券等便利服务。

特别提醒:返校校友班级需及时与学校(学院)校友会取得联系,填写相关登记信息,提交返校校友通讯录(参见《中国地质大学校友返校登记表及通讯录》),经学院备案、盖章后提交至校友与社会合作处(东区综合教学楼B1203),可享受学校值年返校相关服务。学校校友会和各学院将及时解答校友咨询,尽全力为值年返校校友提供力所能及的服务和支持。

中国地质大学校友值年返校示意图

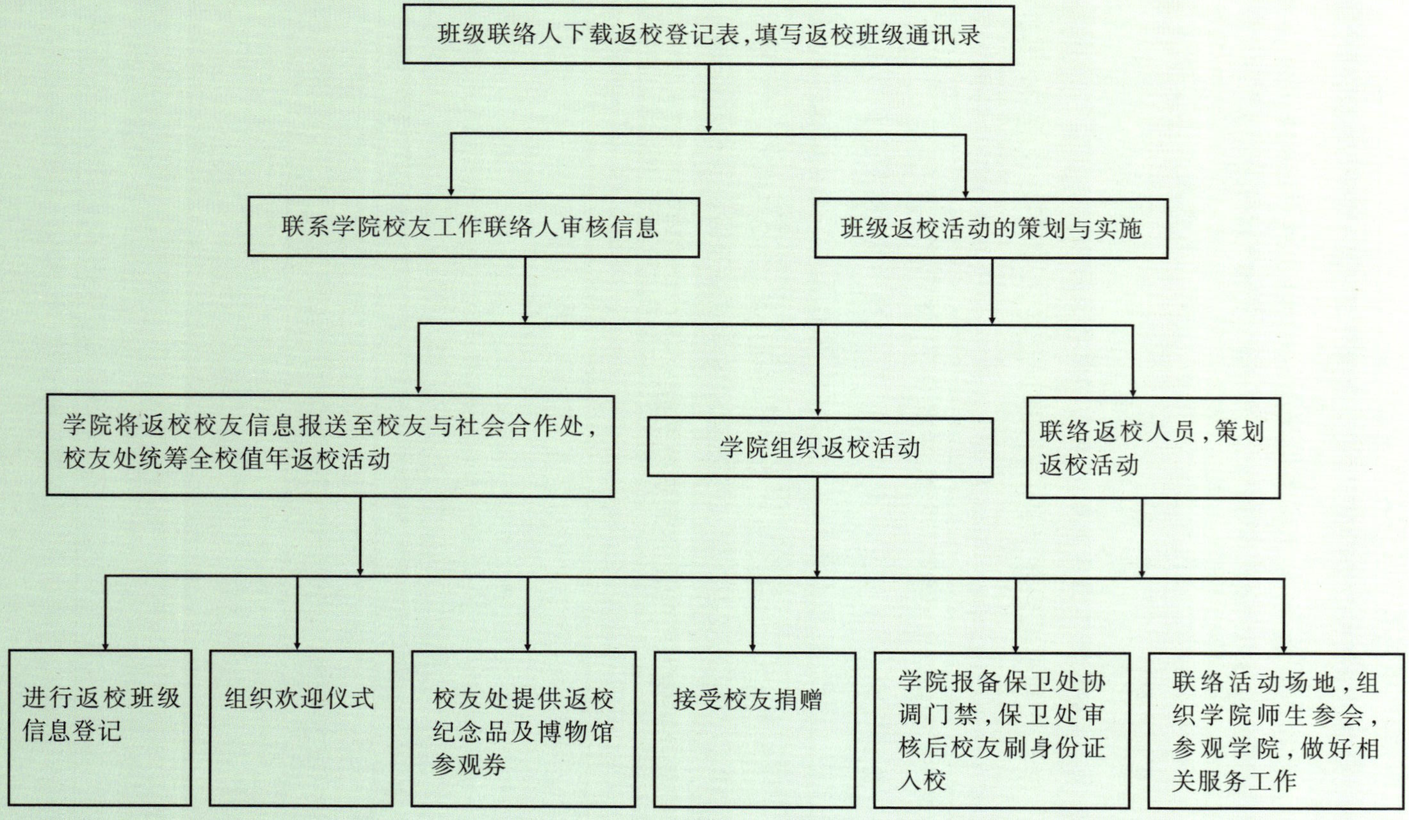

2021年返校班级统计表

序号	学院	专业	班号
1	环境学院	环境工程系	042072
2	经济管理学院	经济系	101071
3	机械与电子信息学院	机械设计制造及其自动化	072072
4	地球科学学院	资源环境与城乡规划管理(第四纪地质学)	014071
5	工程学院	勘察与基础工程系/勘查技术与工程	054072
6	地理与信息工程学院	测绘工程	056071
7	资源学院	资源勘查工程	021074
8	资源学院	资源勘查工程	021071
9	资源学院	石油工程系	022071
10	地球物理与空间信息学院	地球探测与信息技术	064071
11	马克思主义学院	思想政治教育	201861

校友企业推介

企业名称

河南智云数据信息技术股份有限公司

负责人简介

彭丽，2000届行政管理专业校友

企业简介

河南智云数据信息技术股份有限公司成立于2010年7月，是一家以新一代信息技术为核心，聚焦信息安全和机器视觉领域，研究安全可控智能终端、无线通信技术的开发及应用，提供网络安全与大数据安全运维服务，围绕机器视觉、图像识别等技术方向积极布局智能制造领域的国家级高新技术企业、河南省“专精特新”中小企业、河南省科技“小巨人”（培育）企业、郑州市大数据企业，信息安全企业。公司数十年一直专注于无线通信管控、网络行为审计、大数据分析、物联网应用、人工智能等信息安全技术的研发与创新，产品广泛应用于军工、司法等领域，建有河南省数字通信网络信息安全工程技术研究中心、郑州市无线通信智能管控工程技术研究中心、郑州市企业技术中心等多个省市级研发平台。公司先后承担10多项国家、省、市级重大科技研发项目，并荣获“郑州市创新型（试点）企业”“郑州市高成长型民营企业”“郑州市科技创新先进工作单位”等20多项荣誉资质。

Intelligent Cloud
智云数据

企业名称

黑龙江省地矿投资集团有限公司

负责人简介

党委书记、董事长祁福利，2015届地下水科学与工程专业校友

企业简介

黑龙江省地矿投资集团有限公司成立于2020年12月，是经黑龙江省人民政府批准设立的国有独资企业，现有权属子公司29家，正在开发建设的矿山有4座，拥有优质矿权数十个。作为省级矿产资源勘查开发投融资平台，集团紧紧围绕服务保障黑龙江省“五大安全”和“六个强省”战略、矿产资源开发及精深加工万亿级产业集群建设目标，以引领地矿系统事业单位转型发展、做实地矿产业、发展地方经济、保障资源安全为使命，积极构建矿产资源绿色开发和矿山环境生态修复“两大产业体系”，着力打造矿业投融资、矿产勘查、矿业开发、矿山建设、环境能源五大业务板块，探索构建矿产勘查、开发、冶炼、加工、贸易、矿山修复全产业链发展新模式，助力黑龙江省矿产资源优势、生态优势转化为经济发展优势。

龙江矿投
LONGJIANG
MINERAL RESOURCES INVESTMENT

企业名称

湖南北斗微芯产业发展有限公司

负责人简介

董事长杨世忠,1991届探矿工程专业校友

企业简介

湖南北斗微芯产业发展有限公司是一家基于卫星互联网的高精度位置服务相关核心技术研究、开发及应用的国家高新技术企业。公司已被列入湖南省“五个100”实施计划中的重大产业项目、湖南省军民融合重大示范项目,既是湖南省院士专家工作站、长沙市院士专家工作站授牌单位,又是长沙市小巨人企业。公司依托北斗高精度位置服务技术,自主创新,既能为不同行业提供安全监测预警服务,也能为区域城市综合安全风险监测提供全方位技术服务。成立至今,公司已构建“感、传、智、用”完整的安全监测预警生态全业务链,拥有自主研究的核心技术高精度定位技术、全维度监测感知体系、高通量多回路双备份通信技术、智能灾变评估预警技术、去中心化开发技术等在北斗规模应用中不断展现新作为,北斗优势技术产品转化成熟度不断升级。

目前,公司低成本高可靠的安全监测预警服务项目遍布全国,持续助推高精度位置服务技术在地质灾害、轨道交通、水利水电、工程建设、国防安全等领域大规模深化应用。2020年7月6日,公司承建的常德北斗高精度地质灾害监测预警平台成功发布临滑预警,实现了大型灾害零伤亡,最大限度地降低了经济损失,此事在全国范围内产生了重大影响,各权威媒体均已高频报道。

BDMC 北斗微芯
BDS Micro Chipset
专业·专注

企业名称

湖南合天新能源科技有限公司

负责人简介

法人代表、董事长邹定湖，1991届岩土工程专业校友

企业简介

湖南合天新能源科技有限公司成立于2017年，注册地址：湖南省邵阳市隆回县，注册资金1000万元。公司主营业务为新能源新材料的技术开发、技术咨询及技术转让，太阳能光伏电站的设计、采购、施工及运营管理等。公司目前已取得8项发明专利，年产值在5000万元以上，正申报国家高新企业。

合天新能源
HETIAN NEW ENERGY

企业名称

湖南昆德利地矿勘查有限责任公司

负责人简介

董事长彭和求，1992届地质学专业校友

企业简介

湖南昆德利地矿勘查有限责任公司成立于2011年，位于湖南省长沙市。本公司是一家跨国的矿产勘查、矿业投资企业，具有固体矿产勘查甲级、物探乙级等资质。主要业务范围：固体矿产勘查、地球物理勘查、地质矿产勘查技术服务与咨询等。企业理念：以德为先，找好矿，做好矿。

企业名称

陕西太合智能钻探有限公司

负责人简介

董事长王义红，2001届勘察工程专业校友

王义红，出生于1977年1月，河北保定人，中国地质大学勘察技术与工程专业本科毕业生，西北工业大学材料学专业博士毕业生，擅长煤气层钻探研究、钛合金综合力学性能研究，先后承担或参与国家和省部级科研项目16项，发表相关成果论文13篇（其中被SCI、EI共收录3篇），申报并获得国家专利6项。获得中国煤炭工业协会科技进步奖一等奖1项（成果名称：坑道大直径水平深孔钻机及定向钻进钻具），获得国家安监总局安全科技成果二等奖1项（成果名称：MK-7型全液压钻机及配套钻具），获得西安市科学技术进步奖一等奖1项（成果名称：救灾钻孔配套设备及工艺的研究）。

2013年自主创业后，先后主持科研项目30余项，28项新产品取得国家煤矿安全认证，获得软件著作权1项、国家发明专利2件、实用新型专利28件；1项成果为国际首创，11项成果处于国内领先水平。

企业简介

陕西太合智能钻探有限公司成立于2013年，是一家民营高新科技企业，公司注册资本5000万元。主营业务为矿用智能钻探设备及配套钻具、仪器仪表、金属与非金属材料的研发、生产及销售等，同时提供钻探技术服务和项目咨询服务。公司在大扭矩、超大口径钻机、高抗扭特殊螺纹、压裂用高压密封钻具等方面的研发与应用处于国内领先水平。公司先后被评为国家高新技术企业、陕西省中小企业创新研发中心、陕西省“专精特新”中小企业、“工信部专精特新小巨人”、沣东优秀企业、陕西省“瞪羚企业”，创始人王义红被评为“陕西省创新创业人才”。公司的相关产品市场占有率位居全国第二，带动上下游产业链300余家企业共同发展。

企业名称

武汉朝晖会计师事务所(普通合伙)

负责人简介

法人、总经理兼主任会计师答朝晖,2010届MBA校友

答朝晖,武汉市高级会计人才,注册会计师,高级会计师。现为中国民主同盟盟员,湖北省注册会计师协会惩戒委员会委员,中国地质大学(武汉)经济管理学院MBA企业导师和文华学院校外企业导师。

企业简介

武汉朝晖会计师事务所(普通合伙)在2015年由湖北省财政厅批准成为专业审计执业机构,是湖北省和武汉市行政事业单位的会计、审计服务协议供应商,2018—2021年连续4年进入湖北省会计师事务所综合实力排名前100强,并且连续数年入围中央在汉企业和地方大型国企审计机构库。

武汉朝晖会计师事务所
WUHAN SUNSHINE CPAs

企业名称

珠海逸金酒业有限公司

负责人简介

董事长易波,1994届计算机专业校友

企业简介

珠海逸金酒业有限公司成立于2015年,是一家专业进口原装原瓶精品红酒的进口商。公司拥有专业的选酒顾问,每年专程到国外著名产酒国挑选优质葡萄酒,对酒庄进行实地考察,对挑选的葡萄酒的种植环境、采摘方式及酿造工艺等有清晰的了解,从源头确保葡萄酒的品质。公司为专门从事进口葡萄酒批发团购等工作的合作伙伴提供优质的产品,确保中国消费者品尝到高品质的葡萄美酒。

珠海逸金酒业有限公司

ZHUHAI YIJIN CO.,LTD

——专注于法国与西班牙——